# 犹太人的海沃塔财商教育法

내 아이의 부자 수업

[韩] 金今善——著　穆秋月——译

华夏出版社
HUAXIA PUBLISHING HOUSE

## 图书在版编目（CIP）数据

犹太人的"海沃塔"财商教育法 /（韩）金今善著；穆秋月译 .-- 北京：华夏出版社有限公司，2023.8
　　ISBN 978-7-5222-0496-3

　　Ⅰ.①犹… Ⅱ.①金… ②穆… Ⅲ.①犹太人—财务管理—家庭教育 Ⅳ.① G78 ② TS976.15

中国国家版本馆 CIP 数据核字（2023）第 061395 号

Copyright © 金今善 Kim Gum Seun
All Rights Reserved.
Original Korean edition published by The Korea Economic Daily & Business Publications, Inc.,
Simplified Chinese translation copyright © 2023 by Huaxia Publishing House Co.,Ltd.
Simplified Chinese Character translation rights arranged through Easy Agency, SEOUL and YOUBOOK AGENCY, CHINA
本书中文简体字版权由玉流文化版权代理独家代理。

版权所有，翻印必究。
北京市版权局著作权合同登记号：图字 01-2022-2896 号

### 犹太人的"海沃塔"财商教育法

| | |
|---|---|
| 作　　者 | ［韩］金今善 |
| 译　　者 | 穆秋月 |
| 责任编辑 | 王凤梅 |
| 责任印制 | 刘　洋 |
| 出版发行 | 华夏出版社有限公司 |
| 经　　销 | 新华书店 |
| 印　　刷 | 三河市万龙印装有限公司 |
| 装　　订 | 三河市万龙印装有限公司 |
| 版　　次 | 2023 年 8 月北京第 1 版　2023 年 8 月北京第 1 次印刷 |
| 开　　本 | 710×1000　1/16 开 |
| 印　　张 | 12.5 |
| 字　　数 | 105 千字 |
| 定　　价 | 59.80 元 |

**华夏出版社有限公司**　网址：www.hxph.com.cn　电话：（010）64663331（转）
地址：北京市东直门外香河园北里 4 号　邮编：100028
若发现本版图书有印装质量问题，请与我社营销中心联系调换。

# 序言

## 儿时的经济学习造就未来的富人

被誉为投资鬼才的沃伦·巴菲特（Warren E. Buffett），谷歌创始人拉里·佩奇（Larry Page），媒体集团彭博的创始人、政治家迈克尔·布隆伯格（Michael Rubens Bloomberg），以及脸书（Facebook）的创始人扎克伯格（Mark Elliot Zuckerberg），他们有什么共同点呢？——都是世界级亿万富翁，同时也是犹太人。即使我们不将这些人的名字一一列举，大家也都清楚，犹太人是整个金融圈的大当家，是投资鬼才，更是IT行业的统领者。

仅占世界总人口0.2%的犹太民族，却是全世界最具创意、最会赚钱的民族。

他们的诺贝尔奖获得者多到与其他国家完全无法相提并论，全球顶级企业的管理者中也有40%是犹太人。他们在金融界、政治界、法律界、经济界、媒体界、艺术界、学术界等各个领域运筹帷幄，而他们的孩子也正在准备着接管下一代的世界财富。

究竟犹太民族是如何发展至今日、创造出如此耀眼的成绩的呢？真的是因为他们有着独特的教育方法吗？没错，这就是人们常说的"海沃塔教育法"。犹太人以"海沃塔"之名，与自己的父母和兄弟姐妹推心置腹，探讨各种事，也会和几个朋友组成小团体，就某个问题争论一番。他们不在意对方的年纪和社会地位，会让彼此都处在平等的关系中，对政治、社会、文化、历史等各种各样的主题进行讨论，在你来我往的辩论中不断迸发出极具创造力的思考。

海沃塔教育法中最为特别的一点，是犹太人会从孩子小时候就开始强调财商教育。通过让孩子正确理解经济趋势，教会他们经济概念和正确的消费观，夯实孩子们经济独立的能力，而且当孩子到20岁时，无论什么情况，父母都会让孩子做到经济独立。在此过程中，孩子们不依靠父母和老师，会养成自主思考、发现规律、拓展想象的能力。不仅如此，这种独立的态度还会帮助孩子养成不畏惧挑战的心态，获得不断迸发新思路、新想法的自信。

每一位家长都希望自己的孩子能过上富裕的生活，希望看到孩子不被金钱所累，不因金钱所屈，能轻松自在地享受金钱带来的自由和幸福。不仅如此，父母还希望孩子们能够明白生活的欢喜，学会不以金钱评判他人，懂得分享的快乐，成为一个真正内心富足的富人。想要实现上述目标，应该从孩子小时候起就经常和他们讨论金钱的话题。我们不应该说"小孩子家家，怎么总是把钱挂在嘴边"，而是应该准确无误地告诉孩子金钱的价值，培养其正确的消费观，教会他们如何攒钱，带他们学会花钱的正确方法。财商教育要趁早，可以说是越早越好。

所谓"财商教育"，其实并不是一件多难的事。我们这本书不会教大家怎么买股票，更不教大家货币换算体系。各位家长要明白，父母首先要理解何为正确的金钱观，对孩子的财商教育就不会太难了。大家也不要一提到"海沃塔"，就认为是什么高难度的讨论技巧。它只不过是朝着正确的方向抛出问题罢了。

也许是因为我家有三个孩子，所以我常常会怀疑自己："我的教育方法正确吗？我真的能把他们培养成优秀的人吗？究竟该怎样和孩子们对话呢？"每当脑海中蹦出这些问题时，我都会想要从海沃塔教育法中寻找答案，因为我相信它。随着孩子们长大成人，我也终于不用再为教育孩子的问题而劳心伤神，我想把海沃塔教育法的精髓和方法告诉大家。

  不畏失败，不惧挑战，懂得分享，身心健康，经济与精神都独立，懂得规划自己的生活，能感受到幸福——恐怕全天下的父母都会希望自己的孩子能够过上这样的生活吧。这些美好的想法能否实现，尽在你的掌控之中。

金今善

# 目录 CONTENTS

## 第一章
## 财商教育的第一步，从哪里开始？

**财商教育决定孩子的未来** / 003
让6个月大的孩子了解"哲达卡桶"的含义 / 003
"捐赠"与"正直"间的平衡轴 / 004

**父母成为"经济教师"的必备资格** / 007
和孩子开诚布公地谈论金钱 / 007
教会孩子对待金钱有耐心 / 009

**关于"经济独立"的文化与制度** / 012
13岁就开始的经济独立 / 012
是谁养出了啃老族？ / 013

**通过劳动赚钱的概念** / 016
塞缪尔父亲曾做过的事 / 016
父母把孩子培养成"强盗"？ / 017

**毁掉财商教育的六种说话习惯** / 021
"我们是心灵上的富人" / 021
"嗯，今天的心情，吃炸鸡吧" / 022
"其他事都由妈妈来做，你只管学习就好" / 022
"考好试，就给你换手机" / 023
"买这个吧，这个更好" / 023
"一定做不成的事，干脆别开始了" / 024

## 第二章
## 改变想法，从父母开始

**为什么要赚钱 / 029**
在大雨中，奔向包子店 / 029
相比自由，钱更让他们心动 / 031

**钱一定要省着花吗？ / 034**
让孩子思考金钱的价值 / 034
钱能生钱 / 035

**学会失败的孩子会赚钱 / 038**
世上伟大的历史都是失败的历史 / 038
没有"正确答案"的讨论 / 040

**让孩子懂得贫困的痛苦 / 043**
我家孩子这么优秀，就让他做这种事？ / 043
如果想让孩子一直幸福 / 045

**犹太人建议创业的真正原因 / 048**
让孩子去挑战 / 048
真正能培养孩子赚钱能力的机会 / 049

## 第三章
## 培养赚钱能力的创新性思考方法

**犹太人的"商术" / 055**
思考的力量让弱势变为优势 / 055
从自主性和自发性中迸发的创造性 / 057

**反转"剧情"的思考方法 / 060**
一位老人的临终思考 / 061
"不同"要比"最棒"更好 / 062

**培养创意的最佳时机 / 065**
不忿和不满的背后 / 065
化劣势为优势的方法 / 066

**把孩子培养成富人的七大"无畏"精神 / 069**
激发孩子脑中灵感的火花 / 069
孩子必须知道的"高风险"和"高回报" / 071

**培养赚钱能力的四种教育 / 074**
养成赚钱能力的赚钱教育 / 074
培养赚钱能力的教育方法归根结底只有一个 / 075

## 第四章
## 一定要培养的经济习惯

**为了合作，讨论也需要技术 / 081**
一致通过的危险性 / 081
在讨论和辩论中产生财富 / 082

**小确幸和 YOLO 族的陷阱 / 085**
感性而非必要的消费 / 085
花钱的乐趣，攒钱的乐趣 / 087

**经济活动的避雷法则 / 090**
投资的对象，是鸡还是鸭？ / 090
批判性思考塑造健康消费习惯 / 092

**赚钱的特定原理和法则 / 095**
世界级金融家强调的事 / 095
从"情绪"共情能力到"经济"共情能力 / 096

**用谈判和人脉一决高下的犹太人 / 100**
学习"逻辑"的谈判教育 / 100

## 第五章
## 从《塔木德》中学到的富人思维

**富人时刻准备着 / 107**
今日的准备，为了将来 / 107
培养预测未来的能力 / 110

**富人将信用和约定视为最高价值 / 113**
讲价和契约既是信任也是约定 / 113
世界上最难遵守的约定 / 116

**消费习惯造就富人 / 118**
赚钱难，存钱更难 / 118
为什么花自己赚来的钱也要心存感激 / 122
宣传与夸张广告之间的界限 / 124

**高效工作才能成为富人 / 127**
努力工作，长时间工作，就一定是最好的吗？/ 127
原则和死板之间 / 131

**了解经济动向才能成为富人 / 135**
商人的利益 VS. 消费者的利益 / 135
从生产者到消费者 / 138
银行教会我们 / 141

**良好的人际关系带来财富 / 145**
人际网的重要性 / 145
借钱给别人时的心态 / 148

**作为富人生活的态度** / 151
想要真正过上富人的生活 / 151
拒绝特别福利的正直姿态 / 154
学会忍耐才能获得丰硕果实 / 158
和钱建立"良好关系" / 160
因祸得福,魔术般的人生 / 162
堂堂正正地拥有 / 164

**妈妈金今善和女儿刘妮思的富人小课堂**
财商教育是对未来资产的投资 / 168

**尾声**
向这个瞬息万变的世界推荐"海沃塔" / 171

**附录**
想让孩子成为富人,父母首先要具备富人思维 / 175

**参考文献及报道** / 188

# 第一章 财商教育的第一步,从哪里开始?

## 概　要

　　犹太人从孩子一出生就开始对其进行财商教育。妈妈哄孩子时，口中念叨的也是与经济相关的内容，有时甚至会让还没学会走路的孩子学习如何储蓄，诸如此类的事会在孩子13岁时到达顶峰。13岁，当孩子处在这个对于我们来说还属于"小朋友"概念的年龄时，犹太人就会给孩子举办盛大的成人礼，将孩子当作成人来看待。换句话说，犹太人在13岁时，基础的财商教育应该已经全部接受完毕。反观我们呢？这应该是一个还没开始财商教育的年纪吧，家长反倒会压制着说："小孩子家家的，钱的事和你有什么关系，快去好好学习吧。"如果非要说有什么经济活动，把钱存在储钱罐大抵就是全部了吧。但实际上，这和"经济活动"完全不沾边。在今天，犹太民族是世界上最富有的民族，其人口虽然只占全世界总人口的极少部分，却掌控着世界上各个产业。究竟是什么让犹太人如此精通经济活动和概念呢？在韩国，有越来越多的父母开始对孩子的财商教育感兴趣，但到底该如何进行、有哪些好的方法，这是大多数家长感到困惑的问题。现在，让我们共同迈出财商教育的第一步，虽然在起步阶段我们的力量还有些许薄弱，但为了孩子幸福的未来，相信这一定是个伟大的开端。

# 财商教育决定孩子的未来

在世界各个民族中，犹太民族可谓是最饱经风霜的那个，由于没有自己的领土，四处飘荡了近 2000 年，简单来说，他们是"被压迫"的民族。正是因为在生活中历经各种磨难，钱的重要性才会被他们深深印刻在骨髓中。为了生存，他们只能专注于努力赚钱，久而久之便视钱如生命。犹太人的赚钱能力如此出众，从犹太民族的历史中就可以找到答案。他们经常会被世人称为"狠毒的民族"，这也是因为他们对于金钱的"大彻大悟"。

## 让 6 个月大的孩子了解"哲达卡桶"的含义

在犹太人的老话中，也有一句话类似中国人讲的"有钱能使鬼推磨"。

虽然不是什么值得肯定的话，但对于已经听惯了"视金钱如粪土"这种格言的我们来说，或多或少还是会觉得听着有些别扭。有很多人担心，犹太人如此崇尚金钱，在对孩子做财商教育时，会不会让他们学一些"极端的赚钱方法"，或是导致孩子的思想太过集中于"如何能赚到钱"这件事上。不过，实际情况与我们的想象完全相反——相比于思考如何为自己赚钱，家长会从如何为别人花钱的"慈善"和"捐赠"教起，爸爸妈妈会告诉孩子，赚钱时永远要把"正直"的品质放在第一位。

犹太族宝宝出生后，6个月大时就会第一次接触财商教育。父母会训练宝宝，手掌心攥住硬币，再将硬币投入哲达卡中。哲达卡是一种储钱罐，专门存放用于捐赠的钱。如此一来，犹太人早在孩子学会说话前，就先教会孩子如何存钱，为他人做奉献。犹太人要遵守的律法共有613条，囊括了生活规律、道德、宗教等诸多内容。但在这些律法面前，还有一个律法的优先级排位更靠前，那便是关于"捐赠"的。犹太人常说："勤勤恳恳遵守613条律法，不如一次捐赠。"

## "捐赠"与"正直"间的平衡轴

犹太人十分清楚金钱的力量，"钱就是生命"印刻在他们的血液之中。由于他们如此看重金钱，世人总会认为他们稍有不慎就会犯下错误。钱有多重要，就有多危险，如果从小未能树立正确的价值观，日后很有可能酿成大祸。如果沦为金钱的奴隶，很可能会步入险境。越是力量强大的事物，就越需要掌握驾驭它的方法。因此，犹太人不仅教会孩子如何赚钱，还会教给他们"捐赠"的重要性。"正直"也是同样的道理，如果在金钱面前无法做到正直、清白，就很容易走上欺骗他人的不正之路。

钱究竟有多重要，相信孩子们也十分清楚，哪怕父母没有特别强调，他们也能切身感受得到。不过，只知道"钱很重要"还远远不够，这只会让孩子变成不肯为他人花一分钱的"铁公鸡"或是贪恋钱财之人。"捐赠"和"正直"扮演着平衡轴的角色，以防人们在对待金钱的态度方面出现问题。没有以"捐赠"和"正直"作为基础的财商教育，无法培养孩子正确的金钱观，日后即使长大成人，也有可能因为他们的一些行为而让自己的积蓄瞬间化为乌有，或是做出不道德的行为。这样一来，也无法与其他人继续携手并进。

对孩子进行财商教育，目的并不在于培养出会赚钱的人，而是教会他们明白如何用钱让自己感到更幸福。如果孩子能明白"捐赠"和"正直"的概念，相当于家长已经成功迈出了财商教育的第一步。

### 和父母一起进行的财商教育实战

○ 实际上,我之前给我儿子做过捐赠的相关教育。在他小学四年级到上大学的这段时间里,他把自己的零花钱都攒了起来,每个月通过慈善组织给一个和他年纪相仿的印度小伙伴汇款 3 万韩币(译者注:折合人民币约 180 元)。捐赠有助于孩子养成良好的品行,从小开始坚持慈善活动,会给孩子的身心注入更多正能量,让孩子深刻体会到生活的乐趣,培养其自尊。

○ 钱的多少其实并不重要。哪怕只有 30 元零花钱,如果能开开心心地捐给别人,并因此打开对话的大门,那就代表财商教育已经成功地迎来开端。

## 父母成为"经济教师"的必备资格

就像当老师首先要有"教师资格证"一样,如果父母想要成为"经济教师",也需要具备一定的资格。不过各位家长不必害怕,这件事并不像想象中那么难。父母既不需要了解经济理论,也不用学习统计学概论,只要具备几个正确的态度就够了。

### 和孩子开诚布公地谈论金钱

专家表示,父母看待金钱的态度占孩子财商教育内容的80%。在财商教育上,父母的角色是绝对重要的。并不是父母具备丰富而专业的经济知识,或是在这方面有所洞察,孩子就一定会掌握正确的经济概念。爸爸妈妈如何存钱、如何消费、如何把每一笔钱都花在有意义的地方,这些生活中最普通的行为都是财商教育。那么,究竟该如何在日常的点滴中贯彻好财商教育呢?

首先,父母要和孩子开诚布公地谈论金钱。长久以来,大人总是避讳和孩子谈钱。每次提到钱,家长们通常会不耐烦地说,"你别管钱的事,只管好好学习就行",或"小孩子干吗要那么关注钱?"——对话就此结束。不久前有一个妈妈跟我讲,她家的两个孩子都即将步入初中，家里的学费负担重，所以就找各种各样的借口，想给两个孩子各停掉一个补习班。没想到的是，孩子竟然问她："妈妈，是因为家里没钱了吗？"

这位妈妈大吃一惊："不是，你乱说什么呀？妈妈还不是担心你们上补习班太累？"她这样说着，勉强逃过被孩子们发现的危险。

当然，我们都能够理解父母的这种心情，不希望让孩子因为家里的经济条件而感到泄气和自卑，所以才编造这些谎言。从父母的立场来看，只要能让孩子努力学习，他们使出浑身解数也要在经济上给予最大的支持和帮助。不过，假若英语老师不在学生面前讲英语，数学老师不教学生数学公式，都是说不过去的。同样，如果父母想要成为"经济教师"，就一定要和孩子聊聊关于钱的事。

要知道，父母越是遮遮掩掩、避而不谈，孩子们对于金钱的概念就越发不清晰。对我们来说，"小孩子还不适合谈钱"的想法根深蒂固，这也导致了孩子们产生依赖父母的心理，孩子们从小听惯"你不要操心钱的事"，自然会产生"我不需要担心钱"的想法。这导致了很多父母明明在经济上已经自顾不暇，还要全权抚养已经成年的孩子。

如果从小未能接受正确的财商教育，人们就无法形成对金钱的正确概念，更别说管理财产和积累财富了。无论一个人继承的财产有多少，这个道理永远不会变——不清楚自己的经济状况，不懂得如何高效花钱、如何赚钱，无论是否富有，都会花钱如流水；或者没钱时就干脆不花，长此以往，只能过上东拼西凑的生活。通常情况下，我们经常会带着否定的态度看待"掉进钱眼儿里"或是"太过认钱"这种表述，而实际上，我们应该对钱严加"考究"。从小就让孩子"认识钱"，了解家里的经济状况，孩子才能成长为懂得管理财务的人。

### 教会孩子对待金钱有耐心

各位听来也许会大吃一惊，但犹太人的确从孩子很小时起就给他们讲关于钱的故事，甚至连哄孩子睡觉时口中念叨的话也是如此。

"低价买，高价卖（buy low, sell high）。低价买，高价卖。低价买，高价卖。"

尽管孩子太小，可能连话还不会说，但大人还是会在他们的耳边轻声低喃。这与我们的文化相差甚远。不过，在这件事中，需要引起我们关注的点并不是孩子的年龄，而是父母和孩子面对金钱的态度。犹太父母会给孩子讲与钱相关的故事和俗语，想尽一切办法让孩子对钱感到熟悉。但是反观我们呢？别说是让孩子熟悉钱、向钱靠拢了，我们甚至还会教育孩子要远离金钱。

父母想要成为"经济教师"，就要改变消费方式。想都不想就大手一挥地刷卡，毫无用处的东西买起来也毫不手软，这些行为都是最糟糕的财商教育，被孩子看到都会对他们产生直接影响，会让孩子形成"买东西不需要太多考虑""有想要的东西直接买就行"的观念。要知道，"父母是孩子的镜子"这句话并不是空穴来风。

买东西时，无论物件大小还是价格多少，都应该思考是否有购买的必要，是否必须此刻就买。哪怕是经济非常宽裕，也应尽力在买东西时能省就省。这既是面对家庭经济时必须拥有的态度，也是给孩子做财商教育时最有效的方法。

犹太父母与大多数平常的父母不同，即使孩子说想买什么东西，他们也不会马上就给买，而是会留给孩子一段时间，让他们有充分的时间去思考"是否真的必要"。对小朋友来说，如果不能得到自己想要的东西，他们很容易会哭闹着要小脾气，但我们反过来想，如果这种情况反复几次，就能培养出孩子"对钱有忍耐力"的能力。这在财商教育中是极为重要的一课，因为无论储蓄还是投资，都需要"有钱但不花"的忍耐之心。

教会孩子自主管理和消费零花钱也是出色的财商教育，因为孩子还不具备赚钱的能力，只能从父母手里获取零花钱，管理好这笔钱就是锻炼他们财务能力的关键方法。记账是不错的方式，但实际上，如果他们能攒好发票就已足矣。一边整理发票，一边回顾自己的开销，这样他们可以了解自己的消费规模。父母可以按照这个逻辑引导孩子独立管理零花钱，让孩子的消费结构和层次更加清晰，还可以再留出一部分零花钱用于捐赠，感受"赠人玫瑰，手有余香"的快乐。如果能营造出乐于奉献的家风，冲动消费会大幅减少，孩子也能学会如何把钱花得更有价值。

## 与父母一起进行的财商教育实战

○ 谈到钱，孩子问父母最多的问题就是"妈妈，有钱吗？"或"爸爸，没钱了吗？"等关于"有/无"的概念，以及"爸爸，钱怎么这么少？"或"妈妈，我们有很多钱吗？"等关于"量"的概念。这是因为孩子不了解父母的财务状况，所以当他们对金钱有了一定的概念后，就会问出诸如此类的问题。

○ 面对这些问题，家长不要只是简单回答"没钱"或"妈妈还有很多钱"，试着说得具体一些——"这个东西必须得买，但我们的钱还不够，所以需要多攒些钱来买它""我们必须买它，所以这段时间妈妈才会努力攒钱的呀""钱再多也不能买毫无用处的东西，那样会浪费钱""虽然我们有钱，但也不能乱花钱"，等等。父母这样回答，孩子就能理解"攒钱"和"浪费"的概念，为正确的消费观夯实基础。

## 关于"经济独立"的文化与制度

所有教育的终极目标都是"实践"。财商教育的最终目标就是让孩子学会经济独立,学会财务管理,让自己的生活更加井井有条。但我们中一些人的情况完全不同,有很多人即使工作赚了钱,还是无法经济独立,有些人甚至已经30多岁,仍和父母生活在一起。对于犹太人来说,13岁的孩子会被看作成人,20多岁后经济独立离开父母也是一件理所当然的事。总之,犹太人还是在严格遵照"经济独立"的文化来生活的。

### 13岁就开始的经济独立

在韩国,其实没有严格意义上的"成人礼",充其量是在自己成年的那一天,叫上几个要好的朋友聚一聚,庆祝自己长大成人。但犹太人不同,他们的成人礼极为盛大,而且是在13岁时举办。犹太人的成人礼叫受诫礼(Bar Mitzvah),和结婚典礼一样是人生中最重要的仪式之一。他们通常会从一年前就开始准备——默诵《圣经》,虔诚祈祷,为养成正直的人格而努力。举行成年礼的那天,亲朋好友欢聚一堂前来道贺,庆祝其成长为一个"肩负责任的大人"。参加者还会带来礼金,尽管礼金的金额因父母的社会地位有所不同，但终究会收到一笔钱。值得关注的是，孩子的父母并不会花这笔钱，而是在孩子20岁前分别投资到各种股票和债券上，还会分出一笔作为储蓄，让钱生钱。在此期间，如果孩子想要用钱，父母也会随时拿出来还给孩子。

20岁经济独立并不是犹太民族特有的文化。在大多数西方发达国家，20岁的年轻人会从父母家搬出来独自生活，自己赚钱养活自己，如果在这个年纪还不能做到经济独立，很容易会遭受旁人异样的目光。当然，从现实情况来看，韩国的年轻人想要做到经济独立还是比较困难的。如此高昂的房价，初入社会的年轻人必定难以负担，况且工作岗位也并不充足。不过，问题不在于年轻人是否真正做到经济独立，而是认为自己经济不独立也毫无问题的社会氛围。这个世界上没有任何一个国家能让20岁的年轻人轻轻松松就过上独立的生活，谁不是克服万难才离开父母的臂膀呢？只有下定自我负责的决心，才能做到真正的独立。

犹太人的成人礼是孩子准备经济独立的起点。父母将收到的礼金用作各种投资，而不是让孩子当作零花钱花掉，也是为了教会他们投资的重要性，让他们明白，相比于花掉一笔固定金额的零钱，用这些钱去赚更多的钱更重要。犹太民族的孩子都会体验到，从举行成人礼到经济独立的7年时间里，他们会有一笔"虽然属于我，我却不能用"的钱，需要通过投资让这笔钱渐渐变多。他们要有足够的耐心，等到"这笔钱真正成为我的钱"。

## 是谁养出了啃老族？

之所以有很多犹太人选择创业，和他们的成人礼文化有关。以色列政府也积极鼓励创业，从学生时代就开始培养孩子们的挑战精神。如果没有"种子基金（seed money）"，就无法轻易开始创业。但犹太民族的孩子有那至关重要的"7年",他们积累的那笔财富就可以成为"启动资金"。

对于孩子经济独立后离开家这件事,有的父母也会遗憾地想:"我的孩子离开了我的怀抱。"但这对任何一个成人或社会人来说都是必然会经历的过程。为了孩子的人生,家长也一定要这样做。当孩子成长为一个顶天立地的大人时为他庆贺,在那之前好好引导他成长,每一位父母也值得为自己喝彩。

"啃老族"越来越多,这也许和父母的溺爱有关。很多父母幼时家庭生活困难,在成长过程中吃了很多苦,他们不希望自己的孩子也重蹈覆辙。带着这样一种心理,父母总是骄纵自己的孩子。爱护孩子本身无可厚非,但反过来想想,在经济上的过度保护也许会成为孩子养成独立人格之路上的绊脚石。

所以,父母要开始转变思想了。希望儿女幸福的心情可以理解,但这种幸福也需要是独立的、自主的,父母应该朝着这个方向教育孩子。这对孩子来说才是最珍贵的礼物。

## 与父母一起进行的财商教育实战

○ 家长给孩子开通一个银行账户,让他们知道里面的钱是"我的钱"。存三千也好,五千也罢,试着告诉孩子,"五年或十年后,你可以用这笔钱做任何事,打造属于你的未来"。这会成为财商教育完美的第一步。

○ 对于孩子在成人礼上收到的礼金,如果妈妈告诉孩子,"妈妈会帮你保管,交给我吧",孩子很容易会忘记这笔钱是属于自己的,理所当然地认为这笔钱是"妈妈的钱"。如此反复,父母和孩子之间的经济划分就会越来越难。无论金额大小,还是应该定期告知孩子现在账户内存有多少钱,父母在如何帮他保管。如果孩子在脑海中形成了经济的概念,和孩子一起讨论如何投资也是不错的事。

## 通过劳动赚钱的概念

金龟子一辈子只生活在一个水坑中,所以它并不了解其他金龟子,它也不想去了解。花是美丽的植物,也被人们当作礼物,但对蚂蚁而言,它并不知道花是什么,因为它并不能抬起头看到花,所以对它来说,花只是它前行路上的障碍物。由此可见,即便我们生活在同一个地球,因为我们的生活环境和经历不同,我们看待这个世界的眼光也会有所不同。同理而言,在孩子学习经济的路上,父母说不准也会成为阻碍孩子获得更多经验的障碍物。

**塞缪尔父亲曾做过的事**

美国壳牌公司(Shell)以其贝壳状的logo而闻名。作为国际企业,壳牌公司名扬海外。面对如此有名望的企业,有很多人会觉得它是财阀家族巨额投资并经营的企业。但实际上,壳牌公司最开始只不过是一个进口扇贝的小公司,不仅如此,其背后还蕴藏着一个"无法适应校园生活的孩子"的童年故事。

1953年,一个曾在英国街头卖杂货的犹太商贩迎来了他的第11个儿子,孩子的名字叫马库斯·塞缪尔(Marcus Samuel)。这个孩子十分聪明活泼，但就是无法适应校园生活。看到儿子跌跌撞撞一路走来，他的父母在他上高中时帮他买了一张船票，送他去了日本。

"去外面的新世界后，记得要想想能为生活窘困的爸爸妈妈和十个兄弟做些什么。记得每周五安息日（犹太教节日）之前一定要给妈妈写信。"

塞缪尔到日本后完全不知道该做些什么，手足无措的他接连好几天在海边闲逛。直到有一天，他依旧在海边漫无目的地走着时，偶然看到这样一幕——商人们在沙滩里挖出扇贝，取走扇贝肉，然后随手就把贝壳扔到一边。他走近一看，满地尽是闪闪发光的贝壳，这可是他在伦敦生活时很难看到的东西。之后他四处寻觅，好不容易才找到一位会做贝壳加工的师傅。他把加工后的工艺品寄给在伦敦的爸爸。看到如此漂亮的贝壳工艺品，英国人纷纷掏出钱包。看到商机的塞缪尔给家里寄回更多的贝壳，塞缪尔的爸爸也用赚来的钱开了一个小店，专门卖贝壳工艺品。后来他们赚的钱越来越多，塞缪尔也以出口贸易为基础创立了石油公司，荣登全球富豪榜前几名。

回过头来看，如此奇迹般的事究竟是如何变为现实的？是要归功于塞缪尔惊人的创意，抑或那些精致的贝壳工艺品？当然，原因不止一个那么简单，不过使塞缪尔最终获得成功的根本，应该是父母为他开启了全新世界的大门。他们没有把孩子圈定在学校这个限定的范围内，而是完全颠覆普通人的习惯和想法，如下赌注一般把孩子送到日本，让他独自去闯荡，而这恰恰改变了塞缪尔的一生。

世界上最棒的教育就是让孩子亲自去体验，塞缪尔的父母把这段全新的体验送给他，而他也毫无畏惧地接受，这才使得他最终获得巨大的成功。

## 父母把孩子培养成"强盗"？

犹太人的财商教育不仅在家里进行，也不仅仅局限于讨论这一种形式。他们会让孩子切身感受劳动，领悟金钱的含义。通常情况下，犹太父母会从孩子 5 岁左右时就开始让孩子做一些力所能及的家务活，比如脱下衣服后整整齐齐地叠好、摆好玄关门口的鞋子。等孩子长到 10 岁左右，父母就会安排一些强度稍大的事，比如跑腿买菜、刷碗，当然也会相应地给一些辛苦费。通过这样的体验，家长可以让孩子明白"通过劳动赚钱"的概念，切实感受到只有行动起来，才能获得相应的酬劳。犹太人十分重视这个过程，以至于曾说过这样的话：

"如果父母不让孩子了解劳动的价值，无异于是在培养一个强盗。"

从"强盗"一词就能看出，犹太人在财商教育中有多么重视劳动。

曾经有一次，我儿子的大学同学来家里玩，那个孩子说没有他没打过的工——餐厅服务生这种工作自不必说，就连建筑工地的粗活累活也都做过。正是因为拥有了这样的经历，他才会觉得人生无所畏惧，而且有自信能做好所有事。他还补充说道，正是因为要比其他人更早步入社会，所以他早早就开始接触经济原理。作为父母，如果能看到孩子如此成长，内心该有多踏实呀。孩子不仅通过劳动和赚钱的经验变得自信，还由此做好各种独立的准备，相信这是任何一个父母都喜闻乐见的事。

但也有父母可能会这样想："这家人一定很穷，父母才忍心让孩子从小就吃这么多苦……""会不会太早让孩子经历社会的阴暗面了？这对教育会不会起到反作用呀？"

站在父母的角度来看，有这些担忧也是合理的。但实际上，父母不可能一辈子陪在孩子身边，为他挡开所有的苦难，也不可能永远在经济上帮助孩子。不仅如此，孩子终有一日需要独立，会遇到困难，会见到这个世界上不那么光彩的一面。与其让他到那时不知所措，还不如让孩子从小就学会努力工作赚钱，随着年龄的增长，整个人也会愈发自信。正是因为塞缪尔的父母将孩子送到全新的世界，并让孩子在其中体验劳动的价值，刺激了孩子的积极性，全球闻名的石油企业壳牌公司才会由此诞生。

只会学习的孩子真的会幸福吗？去一个好大学是幸福的必备条件吗？要知道，想要获得幸福的生活，仅靠上一个好大学是远远不够的，它只不过是众多选择中的一个。

让孩子感受"真正的学习"吧，在体验过劳动的价值之后，孩子们能够更加坚定地朝着丰盈充实的人生不断向前。

## 与父母一起进行的财商教育实战

○ 我们要培养孩子一种思维：零钱不仅仅是"父母给的钱"，还是"我在家里通过劳动赚到的钱"。只有这样做，孩子才会在思维逻辑上将自己和父母的财务做出划分，这就是经济独立的开始。

○ 我们不能认为让孩子干家务是在占用他们的时间。在和谐幸福的家庭中，孩子也是极为重要的一员。父母要让孩子做一些力所能及的家务，比如打扫自己的房间、清理垃圾桶、垃圾分类等，偶尔也要让他们做一些稍有难度、能体会到成就感的工作。在工作结束后，付给孩子一些酬劳，也能让他们获得成就感和快乐。

## 毁掉财商教育的六种说话习惯

对孩子来说，父母是最好的老师和榜样。父母是孩子的监护人和最亲近的人，孩子如果完全依赖父母，只会变得和父母越来越像。爸爸妈妈的所作所为，总是会给孩子带来一些潜移默化的影响。过去有句老话叫作"餐桌教育"，指的就是在餐桌上的对话也是一种教育。但在现在，想和孩子吃一顿饭都变得难上加难。对话的时间越少，父母说的每一句话就越发重要。让我们来一起看看，在对孩子的财商教育中，有哪些说话习惯是绝对禁忌。

"我们是心灵上的富人"

这句话更多指的是满足于细微的事物，珍惜点滴幸福。当然，与"和他人攀比以获得优越感"相比，这句话一定能对我们的人生起到更大帮助。但当孩子憧憬或羡慕有钱人家的生活时，条件一般的家长会安抚孩子，"有钱人虽然生活很好，但成为心灵上的富人更重要"，或是"我们虽然买不起这些东西，但我们是心灵上的富人，所以没关系的"。不过说实在的，单凭心灵上的富有就能在这个世界上活下去吗？父母经济能力较弱时，为了保护孩子的自尊心这样说无可厚非，但从财商教育的层面上来看，很遗憾，这些话未能给孩子灌输正确的金钱观念。物质上和精神上都能成为富人固然最好，但不能为了强调心灵上的富足，就给孩子传递"即使经济条件艰苦一些也无妨"的观念。"很抱歉，这次因为钱不够没法给你买了，不过妈妈会想办法攒更多的钱，下次一定给你买到"，或"我们现在已经是心灵上的富人了，为了成为真正的富人，要更加努力才行"，这些话才是财商教育中父母应该说的话。

"嗯，今天的心情，吃炸鸡吧"

当我们购物时，最好不要结合"心情"这个词来给孩子做财商教育。尽管消费的确会让人心情变好，但这只是一个结果，我们不能单纯为了"心情变好"就去消费，消费还是需要理由的。只有当孩子听到诸如"上周答应你这周吃炸鸡""今天没时间准备晚饭了，我们订炸鸡吧"这样的原因后，才能明白"消费需要理由"。实际上，成年人也时常为了发泄情绪而过度消费，这也和小时候没有明确划分好消费和情绪的概念有关。

"其他事都由妈妈来做，你只管学习就好"

父母都不想给孩子太多经济上的压迫感，这是人之常情。但不给孩子压迫感和孩子对金钱没有概念是截然不同的两个概念。"其他事都由妈妈来做，你只管学习就好"，这句话很有可能让孩子缺乏经济的概念。孩子有必要知道，补课费、交通费、学费等关于自己的开销都是爸爸妈妈在承担。只有这样，孩子才能明白钱的珍贵，也会对父母怀有感恩之心。与此相反，如果孩子脑中只有"钱的事和我没有任何关系"的想法，就会越发看淡经济独立这件事，并且更加依赖父母。

"考好试，就给你换手机"

用孩子的成绩作为奖励，"讨价还价"送礼物的父母不在少数，因为大家都想给孩子传递一种"学习好才能得到自己想要的东西"的概念，让孩子学习更有动力。这种"协商"的方法本身无可厚非，因为孩子也能借此感受到自己的选择权和主动权，也包含了一定的教育意味。但也需要注意一点——这种方法有可能会混淆"学习的理由"，如果只是"为了换手机""为了买好看的衣服""为了能玩电脑游戏"，可能有些本末倒置了，甚至会扭曲孩子对学习的想法及对金钱的认知。

"买这个吧，这个更好"

买东西时，父母经常会忽略孩子的选择，单方面做决定。有时是父母觉得自己更有经验，能快点买到物美价廉的物品，有时是觉得孩子还欠缺一定的判断能力，想要替孩子做更好的决定。无论出于何种想法，父母的这种行为都有失妥当，因为剥夺了孩子的选择权，单纯将自己的想法强加于孩子身上。事实上，孩子在比较物品的过程中，也会形成独属于自己的一套评判标准。如果父母代替孩子做出选择，就会剥夺孩子的学习过程。

当然，如果孩子做出一些确实难以理解的选择，父母也要及时干预，通过和孩子沟通来提出意见，调整他最终的决定。假如手中的钱的确不足以买下想要的物品，父母最好和孩子坦白，不加隐瞒地告诉他原因，并引导他选择"性价比"更高的物品，这才是明智的选择。要知道，并不是任何东西都可以让我们随心所欲地得到，现实和理想总会存在一定差异，孩子在未来也会遇到同样的事。如果遇到钱不足的情况，适当调整价格差异，在力所能及的范围内买到想要的物品，这才是合理的消费观，并不是什么丢脸的事，父母在教育孩子时也需要让他们明白这一点。

## "一定做不成的事，干脆别开始了"

看到孩子拼尽全力、坚持不懈地做一件事，父母都会感到欣慰，但如果孩子最终没能做到，家长自然也会感到失望和挫败。类似的事反复发生几次，有些父母就会说"如果一开始就知道做不成，干脆就别开始了"。父母当然不是希望孩子从一开始就放弃，有时候只是一种激将法，希望刺激一下孩子，"一定要努力拼到最后"。

每个人的集中力不同，做事的能力也不同。注意力相对低下不代表孩子的能力也差。有些孩子是集中型人格，相反，有些孩子就是喜欢在多个事情上分散精力，属于"多元型"人格。不仅如此，办事能力也是在各种挑战和失败中不断提高的。如果孩子总是做事做到一半就放弃，家长也应该回过头仔细思考，是否当初给孩子设立的做事动机有问题。攒钱也是同样的道理——不能因为孩子总是攒不下钱，家长就告诉孩子"那干脆别攒了"。哪怕孩子失败了，也应持之以恒地鼓励孩子一定可以做到，这才是家长应该做的事，也是为人父母的智慧。

## 与父母一起进行的财商教育实战

○ 家和学校不同,没有单独的"课堂时间",因为孩子和父母在一起的每个瞬间都是"课堂"。饭桌上、去超市的路上,有对话的地方都可以是课堂。请各位爸爸妈妈一定不要忘记,自己的每个举动、说过的每一句话,在孩子眼中都是"老师的一言一行"。

○ 如果最近孩子对钱很敏感,特意回避和他们谈与钱相关的话题也不妥当。如果是孩子需要知道的哪笔钱出现问题,父母要坦率地告诉孩子;如果遇到需要说服孩子的情况,也要让孩子充分明白缘由,这才是和孩子在对话中寻求平等的态度。

# 第二章 改变想法，从父母开始

## 概　要

　　万事皆始于"念头"，所有想法和思路也诞生于此，它极为重要，因为它将决定我们做事的态度和姿态。在韩国，很多家长因为自己在小时候没能受到正规的财商教育，所以只能通过日常生活或个人经验来接触经济知识，由此，很多人可能不自觉地对经济活动和钱带有偏见。对全新挑战的恐惧、硬要节省着花钱、"创业不慎可能赔光家底"等想法都是因为对钱和经济存在误解。

　　想要给孩子正确的财商教育，需要从父母改变想法开始。无论是赚钱的目的，还是对待挑战的态度，从此刻起，让我们忘掉之前所有的想法，从头开始吧。

## 为什么要赚钱

家长在给孩子做经济方面的教育时，一定要讲清楚"赚钱的目的"和"赚钱的目标"的概念，如果不能很好地区分二者，有可能会形成危险的价值观。有些人在童年时没有显现，但长大后会做出错误的选择。当家长问孩子"为什么想要更多钱呢？"如果得到的回答是"那样我就可以随心所欲地花了"，或"钱当然是越多越好啦"，说明孩子还没有区分好"目标"和"目的"的概念。

### 在大雨中，奔向包子店

"目标"是为了达成积极"目的"而逐个实现的过程，相反，"目的"是通过实现一个个小"目标"，为了成为更好的自己而不断努力得到的结果。如果说"我想有价值地活着！"是目的，"帮助他人"就是为了达成目的而选定的目标。再比如，考好试只是一个目标，取得好成绩后上一个理想的大学，学习自己想学的知识，成长为一个优秀的人，这才是最终目的。

犹太人认为赚钱的积极"目的"是"自由"，赚钱这个行为只是一个目标，人们希望通过它，最终达成"自由"这一目的。在《塔木德》一书

中,曾有一位名为乔舒雅的拉比(犹太民族中对老师的称呼)这样说道:

"在这个世界上,有四种人会被看作已经死了:贫穷的人、染麻风病的人、盲人和没有子女的人。"

当然,这句话在当代社会并不适用,无论是膝下无子女的人还是患麻风病的人,都不能被贴上这种所谓的"死人"的标签,但"贫穷的人"的确如此,可以被看作"死掉的人",因为他们的自由已被剥夺——那种想吃就吃的自由、想旅行时说走就走的自由、酣畅淋漓地学习的自由、身心都无比舒适和放松的自由。正是因为穷人无法发挥其自由的权力和力量,《塔木德》中才会将他们称为"死人"。

人类总是在追求各种各样的崇高价值,其中,自由的价值是具有绝对性地位的。在当代社会中,罪犯会被关进监狱,那里不会让人挨饿,也不会不给觉睡,一日三餐按时吃饭,早早睡觉、早早起床,定期还有规律的运动,健康管理简直比在监狱外面做得还好。尽管如此,入狱对人来说是一种"惩罚",因为它剥夺了人的自由。这也能反向说明,自由对于人类来说是多么珍贵。

我小时候体验过钱带来的自由。出生在小村庄的我,上中学前每天都是走路上学。小学到我家的距离要比初中远,我每天要走一小时才能到学校。每逢下雨天,我母亲都会有些心疼地拿出点钱给我当作交通费。其他同学的情况基本相同,也都会为了避雨而选择坐公交车上下学。但我做了另一个选择——我坚信钱要花在"刀刃"上,即使冒着瓢泼大雨,我也哼着小曲走回家。当然,能让我这样甘愿受苦,背后一定有个动人的理由,那就是包子。从学校出来,走一会就能看到一家包子铺,我一阵风似的跑进去,掏出口袋里已经被雨水打湿的钱,递给包子铺的阿姨,脸上露出满意的笑容。蒸屉打开,我看到里面的包子堆成一座小山,飘出诱人的香味,将我的整个身子包围,我沉浸其中,恍惚之间,整个人的魂魄都好像被这香气勾走了。要知道,有很多次,我从这家店门前走过,都拼命忍住不让口水流下来。能吃上一口香喷喷的包子,哪还顾得上被雨淋湿的鞋子和衣服哇。我轻轻接过阿姨递过来的包子,咬上一小口,幸福感瞬间胀满整个心房。于是,我经常期盼倾盆大雨的到来,下雨天在我眼里简直像是生日。爱极了包子的我当时甚至还下定决心,如果有一天能变成富人,我一定要将包子可劲儿吃个够。

我用妈妈给的钱换来了"吃包子的自由"。当时我并没有想要很多钱,因为我关心的只是包子本身,哪怕有再多的钱,买不到包子也是没用的。现在回过头去看才明白,我当时并未发觉其实自己已经明白了金钱能够带来自由。

## 相比自由,钱更让他们心动

几年前,我曾看到过一个让我大为震惊的调查问卷。兴士团(1913年韩国人在美国创立的民族复兴运动团体)伦理研究中心曾做过一个名为"2019青少年正直指数"的调查,结果显示,有57%的高中生选择"如果能给我600万,让我去监狱待一年也愿意",没想到竟然会有一半多的孩子做这样的选择!照此推测,不用说给600万了,哪怕给100万,也会有孩子愿意用"坐牢"这个代价来换。为什么?因为对于这些孩子来说,钱就是最终目的。所以得出这种调查结果是意料之中的。在韩国,2020年白领的平均年收入约合20万人民币。这样算来,工作三年和吃一年牢饭貌似是一样的。对于以钱为最终目的的人来说,这是一个效率极高的选择。然而,人生的最终目的是自由,而非金钱,对于明白这一点的人来说,无论给他多少钱,他都不会选择去坐牢。

通过这样的调查问卷结果,可以看出父母对孩子的财商教育有多欠缺和孩子看待金钱的观点有多么扭曲。问题的重点不在于是10亿还是1

亿，而是"只要能赚钱，无论多出格的事都能做出来"的想法。

只有当钱成了积极、正向的目的，孩子才会产生更多合理的想法，才会想"为了赚些钱，我能做些什么呢"。无论钱有多重要、多珍贵，都不能让它变成我们生活的最终目的。家长要让孩子认识到，钱应该只是一种手段，人们要通过钱做更多有价值的事、享受更多自由。

## 和父母一起进行的财商教育实战

○ 度假时在酒店里好好休息一番，或是吃好吃的食物时，我们都会感到幸福。当孩子因为钱而感受到幸福时，家长可以试着和孩子探讨一下金钱的价值。家长不要只顾着感叹"嗯，这个酒店真不错"或"这个菜可太好吃了"，试着换种更具体的说法，"有钱是不是还挺不错的？""钱让我们的选择更加丰富、更加自由"，哪怕是一小会儿，也要尽可能让孩子感受到"金钱和自由"的联系。

○ 试着问问孩子："如果有了钱，你想拥有什么样的自由？"引导孩子增加对"我的自由"的关注，时间一长，孩子自然能明白钱的最终目的还是"自由"。

## 钱一定要省着花吗？

之前曾有一档关于理财的电视节目备受人们关注，节目中的口号也令人印象深刻——节目组对错误消费的人大喊"stupid!（愚蠢）"，对省着花钱的人高呼"great!（很好）"，总之是一档倡导"节俭消费"概念的节目。有很多人都对这档节目的概念表示有同感，因此这两句口号也成了当时的流行语。

**让孩子思考金钱的价值**

"钱不是用来花的"这句话包含的含义是让人节省花钱，注重储蓄。韩国家长最想给孩子传达的财商教育大概也是类似的概念吧——节约消费，养成储蓄习惯。储蓄固然重要，但从财商教育的层面来看，也不能只是一味地强调储蓄。因为随着时间的流逝，货币会贬值。比如，过去在韩国，坐一次公交车约合五毛人民币，但现在要五元人民币。物价不断上涨，货币的实际价值也在降低。韩国有句老话叫"聚沙成塔"，也就是我们所说的"积少成多"，不过从经济学观点来看，等沙多到足以汇聚成塔的时候，沙子的价格应该也已经"暴跌"了。储蓄是一个重要的经济行为，但我们更应该记住，财商教育的核心是"生财有道，钱便是道"。

**钱能生钱**

中年一辈从小就听惯老一辈说"钱要节省着花","不可以浪费钱"。要是有过那种辛辛苦苦攒下钱,却因为一件事急用就全都花光的经历,就会更加相信父辈们的说法。于是,这代人在教育子女时也会传达这样的理念。但家长不能只告诉孩子要节省,还要告诉孩子学会投资和赚钱。如果不会投资,只知道攒钱,就会成为只知道一条腿走路的井底之蛙。这就好比为了身体健康,我们一边要吃饭营养均衡,一边也要加强运动。没有营养摄取仅仅只是运动,或是不运动只改善饮食,都是不可取的。

节省、储存下来的钱要用在特定的目的上,诸如创业启动金和结婚资金,这类钱都需要一点点攒下来。但除去这种必要的情况,我们还是应该不断拿钱做投资、赚利息、收红利。总而言之,一定要记得"钱能生钱"这个理念。

但在韩国,"钱能生钱"这句话总是带有一些消极色彩,因为它总是会被人们和"投机"联想在一起,或多或少否定了"劳动的神圣价值"。通常情况下,具有良好公民意识的父母,都会担心自己的孩子会投机炒钱,会再三犹豫是否要告诉孩子"钱能生钱"这一事实。

不过令人遗憾的是,仅凭劳动赚取的钱是有限的,只劳动会完全跟不上"钱生钱"的速度。经济学者表示,"在资本主义制度下,不平等是无法避免的,而且还会逐渐深化","用资本赚钱的速度要远快于靠劳动赚钱的速度"。因此,在资本主义社会中,为了能够通过正常渠道赚到钱,只能选择"钱生钱"的方式。这并不意味着否定了神圣的劳动价值,而是一种"高效赚钱方法"的智慧,这和高效学习是一个道理——原本用 10 个小时才能学完的内容,5 个小时内就搞定;原本要背 20 遍的单词,反复背 10 遍就背下来,这才叫有效率的学习。用自己最高效的方式去学习,并不意味着否定了"神圣的学习价值"。

"钱能生钱"中包括一项"福利的魔法"。犹太人自孩子小时候就开始教他们"福利的魔法",即"把赚到的钱存起来,然后通过投资赚更多的钱"。当然,在当今社会,很多人都清楚,这不再是一个单凭储蓄就能赚钱的时代。我们不能局限于已经在我们的认知中存在的想法,而应该通过各种金融商品积极投资,这样才能赚到钱。股票能在短时间内赚到钱,但也会带有投机的性质,有可能会亏钱。一只好的股票如果能做到坚持长达十年的投资,赚钱的概率会大幅增加。

从小就不断被灌输"一定要省着花钱"观念的孩子,会对投资有一种毫无来由的恐惧。因为他们会对积极、灵活地用钱做各种投资感到犹豫,认为通过劳动赚来的钱就是全部。无论钱多少,只有制造各种投资机会,才能让自己的财产越变越多。

## 和父母一起进行的财商教育实战

○ 如果想让孩子认识到"利息"的概念,就要灵活对待储蓄。只要存钱,无论钱多钱少,都能获得一笔利息。家长可以拿收到的这笔钱来给孩子做更好的解释说明。但也需要注意,要明确让孩子知道,这笔钱不是"免费"得到的,而是以"把钱交给银行保管"作为代价才获得的。只要孩子清楚一个概念就好——即使我们什么都不做,钱本身也能"生钱"。

○ 在韩国,很多商业银行都有专门针对未成年人开设的金融产品,例如年金储蓄账户。哪怕是很小的一笔钱,如果运用到金融产品上,孩子也能体会到"钱变多"的乐趣。

## 学会失败的孩子会赚钱

很多人都对失败抱有恐惧心理，因为大家觉得失败就是成功的反义词，意味着被前面的人"淘汰"。在韩国，创业之所以不被太多人推崇，其原因也正在于此，他们认为"事业的失败就是人生的失败"。过度强调学历的社会也会给人带来对失败的恐惧感，就连不过是高考成绩不理想而重回校园的学生，也要被人贴上"复读生"的标签，并面对着异样的目光。不过，从财商教育的角度来看，失败是一定要体验的事。父母应该经常鼓励孩子"失败了也没关系！"只有这样，孩子才不会缩手缩脚，才能养成不断挑战、一路向前的意志。

### 世上伟大的历史都是失败的历史

众所周知，以色列是这个世界上最会创业的国家。它之所以能成为公认的"创业大国"，就是因为它"允许失败的文化"。但对于大多数人来说，"失败"是一个带有否定意味的词，因为它牵扯到了"面子"。假如我们挑战一件事，最终却没能成功，往往会觉得面子上有些挂不住。尤其是很多人都会把孩子的成功看作是家长的成功，这会使人对失败更加恐惧，父母们会觉得，只有孩子成功了，家门才有光。长此以往，在这种风气下，人们都会尽可能地回避挑战。哪怕是挑战了但没有成功，大家也会本能地不去谈论这件事。由此，我们也不难理解为什么孩子们失败后会被"人生完蛋了"的氛围笼罩，也会清楚孩子们究竟为何不敢轻易挑战了。

我女儿大学时读的是经济学，毕业后分别体验过外企和初创企业的工作环境，现在正在新加坡的一家IT公司上班。我曾问过她："有那么多大公司，你为什么想要在一家小小的创业公司工作呢？"她回答道："在大企业里，我能发挥的部分很有限。如果以后我想经营管理一家公司，就一定要在小公司学习，体验一次创业过程。"单是听到女儿能有这样的想法，作为母亲的我已经觉得非常自豪了。

女儿果然没让人失望，她后来真的积累了许多创业想法，还遇到一群志同道合的朋友，一起创立了公司。我一边觉得十分欣慰，一边也跟女儿讲："妈妈会一直支持你的，但不要总想着一次就能成功，倒闭了也没关系。"

女儿听到我这番话，生气地回道："妈妈！你这说的叫什么话呀，人家父母都是鼓励孩子一定要成功，你却告诉我公司倒闭了也没事？！"虽然我对女儿从小进行的就是犹太式教育，但深深根植在韩国文化中的对失败和失误的"低容忍"还是让她对我的话很不满。

犹太人从小就在辩论和争论的环境中长大，辩论和争论都没有"正确答案"，其意义也不在于单纯的"正确答案"，而在于得到一个富有创意的答案。在这条探索"未知"的路上，有时会走弯路，有时会发现一直认为是正确的事其实是错误的。在开发创意的世界里，失败是"家常便饭"，犹太父母也把失败看得很淡，觉得即使失败也很正常。值得强调的是，他们对于失败有一个新的概念——"失败是全新体验"。

失败的原因并不是我们做得不好或是有所不足，失败的威力也不会击垮一个人，它只不过是我们在追寻目标的过程中遇到的一个又一个全新体验罢了。要让孩子明白，失败的次数越多，积累的经验就会越多，经验越多，就会越靠近成功。《塔木德》中有这样一句话：

"与因为失败而感到后悔相比，因为没去尝试而感到后悔显然更傻。"

## 没有"正确答案"的讨论

虽然以色列的创业率和成功率都很高，但真正体验过以色列创业体系的人都会说，"并不是因为政府给我们提供了什么优待"。相比于其他国家，以色列不过是更加鼓励大家创业，政府帮忙分担部分失败的后果罢了，与其他国家相比并无太大差异，充其量是提供了一些创业空间和少部分的资金支持，还有一些咨询服务，并没有那种能让所有人都顺利奔向成功的惊天秘诀。那么，究竟是什么让以色列成为创业大国呢？答案便是他们将失败看作平常事、想要从失败中不断学习的心态吧。

如果想要培养"赚钱能力"，就要知道"用哪些方法是赚不到钱的"，只要避开这些路径，赚钱就会更容易。所以，只有体验过"赚不到钱的路""会赔钱的路"，才会最终找到"可以赚钱的路"。

如果孩子失败时，父母在一旁眉头紧皱或唉声叹气，孩子心里就会想"原来我是不可以失败的呀"，这样一来，孩子就会想要隐藏失败的事实。这也不难理解为什么孩子喜欢把自己的成绩单藏起来，当然是怕受到父母的责难。

我在研究犹太民族文化和教育方式的过程中，经常会因他们灵活的"变通性"而大吃一惊。面对醉酒之人的胡言乱语、大吼大叫，或是扯着嗓子高声歌唱，甚至还对别人挥拳头，犹太人展现的态度都相当宽容。他们认为，如果这种短暂的"放纵"能对一个人勤劳且诚实的生活有所帮助，那这些行为就都可以被容忍。本以为有着严格宗教信仰的犹太民族绝不会理解这种"放浪形骸",但事实证明,犹太民族是一个十分懂得变通的民族。

反观我们,韩国的家长们是否也应该向犹太父母亲学习一下,教育孩子时稍稍松一松腰板,多点变通性?此刻的失败不代表一辈子都失败,一个小小的失败也不会决定孩子的整个人生。有失败,才能被称为一个"人",更何况,试错能让孩子成长为一个真正的"大人"。

## 和父母一起进行的财商教育实战

○ 如果孩子做一件事没能成功，父母一定要记得做好表情管理。不要向孩子展露出失望或是生气的表情，而是问问孩子，通过这次经验他学习到了什么、感受到了什么。父母的表情、提问、微笑和鼓励都是财商教育的环节之一。想要做好这方面的教育，父母一定要首先学会用更加变通的态度对待孩子的失败。

○ 不过也有例外，如果是孩子故意不努力才导致的失败，或是在同一件事上反复"摔跟头"，则是绝对不能被允许的。这时就需要父母和孩子坐下来聊一聊，甚至需要用更加严肃的态度去和孩子谈话。

## 让孩子懂得贫困的痛苦

在这个世界上,无论是哪个国家或民族,父母对子女的爱都一样热切。但韩国的家长还有一个独特之处——对孩子的爱之深会以"牺牲"自我为代价。哪怕是做出巨大牺牲,也要把一切都奉献给孩子:不考虑未来怎么养老,先要拿出钱送孩子去各种补习班;就算是和家人分隔两地,也要为了赚到更多钱而远走他乡,目的只有一个——攒够钱送孩子出国读书。如此"牺牲"的爱一代又一代地延续下去,把儿女抚养成人后又要负责照顾孙子孙女。父母所做的一切都是为了让自己的儿女不要活得太累。可以理解家长不忍让孩子吃苦的心理,但在财商教育时应该摒弃这种想法,因为每个人的一生都无法完全避免痛苦,正确的教育不应让孩子只看到积极面,也要让他们了解黑暗面。

### 我家孩子这么优秀,就让他做这种事?

有很多犹太民族的孩子会在自己父母的公司工作或学习,他们的父母往往也会从最难的工作教起。提到这个问题,有一件事始终让我记忆犹新。

有一次,一个韩国人去拜访一家以色列企业。他去洗手间时碰到一个认真打扫卫生的青年，青年努力的样子令人印象深刻，他没忍住向青年问道："你是这家公司的正式员工吗？"

"不是，我只是个实习生。"

说罢，青年又埋头打扫起来，他默默认真工作的样子给韩国人留下了深刻印象，于是韩国人在见到企业老板的时候也提到了这个青年。

"我刚才去洗手间时碰到一个年轻人，他努力认真工作的样子实在太让人难忘了，但他说自己只是一个实习生。"

"啊，您说的年轻人是我儿子。"

一个老板让儿子来自家企业上班，首先学习的内容就是不带任何偏见地看待任何一个岗位，这种教育方式令韩国人感悟颇深。我相信这种事在韩国是极为少见的。在我们国家，大多数家长想让孩子在最好的环境里、在最好的岗位上工作，一切都要"配得上我家孩子"才行。有些家长甚至还会打电话到公司，嘱咐公司给孩子如何安排工作。

曾经有一个韩国顶级名牌大学的毕业生到一家公司做实习生。听说公司经常让孩子做一些打印、复印的杂活后，过了还不到一周的时间，孩子的妈妈就给公司打了电话："我是为了让孩子干打印这种小事才把他送进名牌大学读书的吗？如果你们再让我家孩子干这种活，我就不让他去上班了。"在那之后，公司再也没给实习生安排任何工作，就让他轻轻松松玩着度过了实习期，当然，最后也没有给他转正。

通过这两个故事，我们能看到犹太父母和韩国父母在对待"孩子吃苦"这件事上截然不同的态度。在犹太父母看来，让孩子从小吃苦、体验困难的事，会帮助孩子用更宽广的视角看待这个世界，培养他们正确的价值观。但韩国父母绝对不可能让孩子吃这么多的苦。

犹太人财商教育中最核心的一个理念便是"贫穷的体验"：要让孩子从小就体验贫穷的滋味，培养他们无论面对怎样的困难都能独自克服的能力。这里并不是说让孩子看到贫穷，而是要教育他们如何正面对抗贫穷。家长要让孩子明白，贫穷是一件多么痛苦和折磨人的事。《塔木德》中也对"贫穷"进行了描述：

"假如把世上所有磨难都放在天平的一侧，将贫穷的痛苦放在天平的另一侧，这个天平一定会向贫穷的一侧倾斜。"

犹太民族中有这样的谚语：

"贫穷的人只有四个季节会感到痛苦，分别是春、夏、秋、冬。"

"没有任何美好的事物能战胜贫穷。"

犹太人的这些俗语真的是"太扎心"了。即便他们已经是最会赚钱的民族了，但依然对贫穷有着如此深刻的恐惧。

### 如果想让孩子一直幸福

就像前面提到过的，犹太父母不会因为孩子提出想要什么东西就立刻买给他，而是会再等一段时间，并且在这段时间里反复问孩子："你是真的想要吗？想买的东西多少钱，会不会太贵？"父母之所以问这些问题，并不是为了故意惹孩子生气，而是要让孩子明白，再想要的东西也要花钱才能买到。如果听到孩子说"妈妈，我想要那个"，妈妈马上就给买下，孩子就会失去思考"金钱在拥有一件物品上发挥怎样的作用"的机会。

让孩子了解贫穷的痛苦，让他们知道不是所有欲望都能被即刻满足，也是为了让孩子感知黑暗的存在，了解光明是多么重要。只有孩子充分了解前方的那片地有多高、有多危险，他才会萌生出想要向草原奔跑的念头。这也是为什么犹太父母需要从小就让孩子明白，人生跌跌撞撞遇到的许多磨难和痛苦，都是缺钱导致的。

反观我们呢？别说是告诉孩子痛苦和磨难了，我们连贫穷的影子都不愿让孩子看到，把他们密不透风地保护起来。孩子结婚时，父母给买房子；孩子创业时，父母给提供资金；孩子还债出现问题时，父母甚至还帮忙还债。无论做出多大的牺牲，只要是为了子女，父母都愿意去做。

父母不可能一辈子陪着孩子。父母离开这个世界后，孩子的人生还要继续向前。所以，孩子一定要有独立于世的能力。因此，哪怕家长们现在有诸多心疼和不舍，为了孩子的未来着想，还是要培养他们的自理能力和独立意识，这才是让孩子长久幸福下去的不二法宝。

## 和父母一起进行的财商教育实战

○ 家长需要让孩子明白，只要不是学习用品或是生活必需品，就没有什么东西是"我想要就必须马上买"的。家长要反复问孩子"真的需要买吗？""你为什么需要这个东西？"再最终决定要不要买。

○ 请家长丢掉"只要为了孩子，我可以牺牲一切"的想法，因为这种牺牲只会让父母陷入痛苦的深渊。试问，每天过得十分痛苦的父母怎能养育出开心幸福的孩子呢？

○ 看到辛苦劳动的人时，请家长一定不要跟孩子说类似于"看到了吗？不好好学习，你以后也只能做这样的工作"的话，这样做并不会让孩子理解"贫穷"所带来的痛苦，只会让孩子萌生出对劳动和职业的偏见。

## 犹太人建议创业的真正原因

对韩国的家长来说,"创业"这个字眼是十分令人害怕的。因为大多数家长认为,创业就意味着要投入一大笔钱,而且如果不能获得成功,还会落个"负债鬼"的名号。据2017年的资料显示,赞同孩子创业的父母只有26%,剩下的人要么是坚决反对,要么是不反对但也不支持。也就是说,每10名家长中就有7名对创业抱有消极态度。当孩子提出想要创业时,最常听父母说的话便是"你想毁掉自己的一生吗""你想毁掉咱们家吗"。从小就听着这样的话长大的孩子,"创业是万恶深渊"的思想就会牢牢印刻在脑子里。

那么,犹太人究竟为何如此建议年轻人创业呢?全世界最会赚钱的犹太人把生死大权赌在创业这件事上,一定有他的道理。

### 让孩子去挑战

犹太人大多生活在以色列,那是一片自然环境极其恶劣的土地——三面被沙漠包围,自然资源也十分匮乏。尽管如此,以色列的人均创业率仍位居世界第一,全国创业公司高达八千个。

以色列创业热潮背后也有父母的功劳,因为家长们都会鼓励孩子创业。犹太人有一种叫作海沃塔的教育方法，创业正是该教育理念的巅峰，也是能够发挥创意的最好机会。

创意最核心的一点就是"解决问题的能力"，而创业可以说是一个不断解决问题的过程。有创意的人不仅要有一些想法，还要有钻研能力，而这种能力可以通过创业来实现。即使创业阶段取得成功，也很难说一个人就已经真正成功，他至少要在同一个领域坚持10年才能被世人承认，被看作一个真正的创业家。创业能让一个人完全掌握自己人生的主导权。打工的人很难拥有主导权，会为了自己的薪水而左右摇摆，也会为了不被解雇而小心翼翼地看着上司的眼色。但创业者则不同，他们完全凭借自己的意志，依靠自我判断力来运营一家公司。

相比于"赚多少钱"，创业更像是给"自我成长"的最大馈赠。随着积攒的经验不断增多，创业者看待世界的眼界也更加开阔。反复经历成功和失败的过程，会让人更快获得成功的方法。从这一点来看，创业会帮助我们朝着无限可能不断向前，也是锻炼和提升自我能力的"试验场"。父母应该这样想，如果孩子创业成功，那他们可以过上更好的生活；假如失败，他们也会比其他人成长得更快，无论做什么工作都会拥有更大的动力和勇气。孩子们在学生时代培养的学习能力和探索精神，可以为他们长大成人后的社会生活打下基础。不仅如此，经历过创业过程后，孩子们能更多地了解到经济原理，也能更加清晰地认识到金钱的流动。创业就是让"自己"这条小船涌入叫作"世界"的大海，如果想要培养出富有创造力、敢于尝试的孩子，家长就一定要鼓励孩子多多挑战。

### 真正能培养孩子赚钱能力的机会

韩国现在的创业环境也和原来有很大不同，只要有创业热情和挑战精神，想得到创业基金的支持并不是一件特别难的事。所以，问题不在于创业的最终结果是否成功,而在于是否有敢于挑战的心态和精神。

因此,"一切以过程为出发点的创业"极为重要。如果能在残酷的竞争中仍然保有迎难而上的精神,即使失败了,也能从创业的过程中学习到更加成熟的姿态,这也能帮孩子开辟另一种人生。人们在创业之前和之后,无论是想法还是观点,都会大不相同。如果子女有体验过创业,无论结果如何,这些经历都会成为他们人生中很大的财富,帮助他们成长。由此,父母应该摒弃各种恐惧,鼓励和支持孩子去创业。

对于韩国男性来说,参军有着特别的意义。虽然是国家强制要求履行的国防义务,但与此同时,只有参过军的男人才算得上是"真正的男子汉"。大家都认为,部队生活虽然会带来些许的痛苦,但这些痛苦会让人更加懂事,更有责任感,更懂得父母的爱。

实际上,创业也无异于此。只有真正进入创业的世界,深入钻研各种经济学原理和逻辑,才能切实体会到这个社会是如何运转的,体会到赚钱有多么不容易。只有经历过这些,才能学习并掌握"赚钱的能力"。总之,从结果来看,创业无论最终成功还是失败,孩子们最后都能成为"坚持到最后的勇士"。从这角度来想,各位家长还打算阻拦孩子们创业吗?

## 和父母一起进行的财商教育实战

○ 家长需要告诉孩子"公司"的角色是什么,让孩子认识到我们生活中使用的各种物品都是由"公司"制造出来的,我们享受的各种服务设施也是由"公司"提供的。通过身边的各种事实教育孩子,让孩子明白公司的职责。

○ 对孩子不要吝啬鼓励和称赞。家长可以引导孩子,如果是发自内心想做的事情,就不要恐惧,发自内心想要去做的挑战,即使失败也无妨。父母的鼓励甚至能把一个消极内向的孩子变为积极主动的孩子。

# 第三章 培养赚钱能力的创新性思考方法

## 概　要

"想法能赚钱"，这是一种深深根植在犹太人骨子里的强烈意识。他们既没有强大的政府在背后做支撑，也没有显赫的资本能力，只有通过想法创造出新的方法，才能生存下来。这种传统意识得益于犹太人的创意教育。以提问和讨论为主的海沃塔教育法能在短时间内收集很多人的想法，是创造智慧的最佳法则。

归根结底，赚钱的能力也源自创新性。独特的方法打造出的项目往往更吸引客户，赚钱也不是一件难事了。要知道，创新并不只在教育中是十分必要的能力，它也是创造财富的制胜法宝。

## 犹太人的"商术"

犹太人的赚钱能力自古以来就十分卓越,在 20 世纪 90 年代初,当时的韩国专家把这种"能力"称为"商术"。从那时起,人们经常会说犹太民族是一个"商术卓越的民族",也会说他们商术之强大是"世界上任何一个民族都难以企及的"。但从另一个角度来看,这种说法也带着一定的否定色彩,因为"商术"在韩语词典的释义是"做生意的手腕或把戏",听起来多少带一些讽刺意味。实际上,当时的新闻报道上记载的内容也的确是"巧妙地模仿犹太人的商术,做小孩子的生意",表述较为负面。

但犹太人的商术也是从创意中得来的。他们能迸发出一些常人难以想到的极为新颖的创意,并将其应用到生意中,由此获得超高的商术。正是犹太民族不拘泥于固定框架中的思考方式,才使得他们具备世界上最高明的商业技巧和能力。

### 思考的力量让弱势变为优势

犹太人很擅长逆风翻盘,将原本的弱势转化为自我优势,最具代表性的便是"百货商店"。它是当今世界上最普遍的一种货物流通和销售方式，最初也是由犹太人创造出来的。过去，基督教徒是正统宗教信徒，也是社会的主流势力，所以他们可以开各种各样的专卖店，如农用机械专卖店、生活日用品店等。但被视为异教徒的犹太人则不被允许开专卖店，于是他们就把各种品类的商品都搬到火车上，火车开到哪里商品就卖到哪里。

与专卖店相比，这种售卖物品的方式实在是有些简陋寒酸。但也是因为经历过这番辛苦，犹太人最终将这种售卖方式发展成为大型"百货商场"，因为各种类型的商品都在一起，人们想买什么都能一次性买到，更具便利性。这样看来，不被允许开专卖店的劣势，反而被犹太人转换为优势。批量销售和低价销售也是由他们开辟的近代流行的货品流通方式。看到葡萄园的葡萄成熟后，不是只卖几串葡萄，而是选择将整个葡萄园都拿来进行销售，犹太人可谓是"批量销售"的先驱者。

犹太人能够化缺点为优点的出众能力，从"经纪人（broker）制度"中也可见一斑。在证券市场诞生初期，大家对"经纪人"的印象并不太好。相比于"进行交易的主体"这一概念，大家更倾向于认为"经纪人"是"干杂活"的人，毫无资本的犹太人也只能作为"经纪人"参与金融业务。然而，随着时间的流逝，犹太人凭借着自己的"中介"活动拥有了愈发广阔的关系网，逐渐开始掌控金融市场。于是，金融界又产生了名为"证券经纪人"的新型职业，该领域几乎被犹太人所垄断。因此，可以说证券市场也尽在犹太人的掌控之中。

能将自己所处的劣势转换为优势，这种能力是从"创意性"中得来的。事实上，很少有父母能给孩子打造一个几近完美的生活环境。即使是经济条件富裕的家庭，对孩子来说也不一定是最完美的成长环境。孩子不是只依靠金钱长大的，他们会因为各种各样的原因感受到缺失或不满足，而父母也无法做到面面俱到，从各个方面都让孩子的心理状态得到满足。因此，父母需要考虑的问题不是如何给孩子打造完美的条件和环境，而是教会孩子如何能够自我弥补内心的缺失感。父母应该让孩子明白，我们关注的重点并不在于"有哪些不足"，而在于"如何弥补不足"，并不断教育孩子，使其逐步强化这种能力。

## 从自主性和自发性中迸发的创造性

近年来，家长们越来越关心如何能培养孩子的创造性，大家都清楚创意会决定孩子的学习水平和未来。正如大家所看重的一样，"创造性"永远是一个不容易解开的课题。家长们都不安地想："究竟何为创造性？""我有把孩子教育得越来越有创造力吗？"

不过说实话，"创造性"这个东西本身并不是多了不起的特质。它既不是与生俱来的，也不是只有头脑聪明的天才少年才能具备的能力。创造性源自充分尊重孩子本身的个性。过去曾有人说过："实际上，每个孩子都很有创造力，只不过大人们总是通过教育的方式，让孩子在成长中丢失掉了自己的创造力。"即，每个孩子原本都有着专属于自己的潜力、创造力和个性，是大人们用单一的强制性教育让孩子都变得"整齐划一"。"不能这样做""你这样做更好"，就是这样的话把孩子"关在"了特定的同一个模子里。

世界知名画家毕加索曾这样说道："每个孩子生来都可以成为艺术家，关键问题在于孩子们如何成长，能否被'剩'到最后，不被改变。"

我们觉得孩子是需要被教育的对象，他们就应该接受教诲和训诫。但对于孩子的想法和说出的话，我们应该最大限度地去倾听，而不是一味地给孩子下命令——"你不能这样""你需要这样"。发掘并尊重孩子与生俱来的一些个性，帮助他们用自己的个性成长为具有创造力的人，这才是父母的职责所在。不能在孩子刚受到一点打击或遇到困难的时候，家长就立刻坐立难安，马上冲出来帮孩子解决问题。在过度保护下长大的孩子会失去自己解决问题的能力，甚至还会丧失斗志。把所有事都甩给父母解决、完全依赖父母的孩子，怎么会成长为一个有创造力的人呢？

当然，这里提到的给孩子一定空间，不是让家长对孩子完全置之不顾，"这是你的事，你自己看着办吧"，或是完全不关心孩子的生活；而是当孩子面临困难时，父母应该和孩子一起坐下来想办法，父母可以帮忙出谋划策，但自主权在孩子手中。如果父母每次都先于孩子做出判断，和孩子说"你应该这样做""那样做才对""你这个方法是不对的"，孩子会渐渐放弃思考，长此以往，孩子只会完全依赖于父母的判断和决定，反而对自己的判断充满不确信感。更有甚者，有的孩子会等父母做出正确的判断后，"躲藏"在"已经被决定好"的内核里。实际上，当孩子处在不利状况时，哪怕父母从现实来看的确无法给到很大支持，也应该鼓励孩子，告诉他们"我们一起想想办法"。被鼓舞的孩子说不准最终也能想到出乎父母意料的好点子。

子女无论多大年纪，在父母眼中永远都是孩子。但在父母不知不觉间，孩子已经能独自面对这个世界，学会了独立思考和判断。为了相信孩子的判断，避免孩子走上错误道路，父母应该学会"尽可能减少干预"。

海沃塔教育法的核心也正在于此——不给孩子灌输特定的想法和判断，只给孩子指出正确的方向，剩下便是引导孩子进行讨论、问答，把事情交给他们自己，让他们走出一条属于自己的路。

各位家长请记住，自主性会孕育主导权，主导权中往往会迸发出惊人的创造力。

## 和父母一起进行的财商教育实战

○ 孩子通过校园生活总会一点点发现自己的弱点,如果孩子对于自己的缺点感到难过或是烦恼,父母就应该帮助他们"转变"想法,反问孩子:"弱点其实也可以变成优点,你可以想想看,我们怎么才能把弱点变为优点?"

○ 为了让孩子化自我"劣势"为"优势",父母需要经常和孩子谈话,在这一过程中,孩子的自律性和创意性就会逐步被培养出来。家长应该引导孩子,遇到弱点或不擅长的领域不要只想着掩盖和隐藏,应堂堂正正地承认和面对,然后想办法扭转局势,缺点也可以变为优点。

## 反转"剧情"的思考方法

据说在以色列,有一个创业公司孵化中心会按照入驻的先后顺序来扶持企业。竟然没有任何选拔要求,只是按照先后顺序就能拿到补贴金?在我们看来这是完全无法理解的事。在我们的逻辑里,再怎么想帮助资金不足的青年去创业,也应该先考察其是否具备资格,以此提高资助成功的可能性。以色列的这个孵化中心之所以对所有人都采取开放的扶持态度,正是因为投资人出资扶持创业者这个项目本身就具有独创性和创意性,很难对参与者进行审核。与其先评价每个项目是否有意义再决定是否资助,还不如先让有创业意向的人都参与其中。

这种想法虽然乍一听有些令人难以接受,不过静下心来仔细想想也是正确的。有谁能预料到一个人的创业项目一定能成功或是失败呢?有多少点子最初看起来是异想天开,或是好似毫无用处,最后却改变了世界呢?!更何况,很多好的创意最初都不是专家们想出来的。脸书的创始人也不是什么IT界专家,只不过当他还是个大学生时有一个创意灵光乍现。在创业这方面,最重要的不在于创业者是不是某个领域的专家,也不在于他对这个领域的了解有多深,而在于是否有"独创性的想法",有多少"新鲜"和"天马行空"的想法。

## 一位老人的临终思考

19世纪中叶,美国加利福尼亚的金矿让全世界都为之疯狂,想要一夜暴富的人们纷纷涌到这里,这就是历史上著名的"淘金潮",犹太人当然也不会缺席。他们在那里抢先获得了采矿权,并迅速积累大量财富。

德国籍犹太人李维·斯特劳斯(Levi Strauss)也是其中一个。但他与其他人不同,他没有在那里挖金子,而是做起了帐篷生意。由于矿工们每天在户外风吹日晒,需要能够遮阳挡雨和吃饭的地方,于是他想到大家一定都需要帐篷。有一天,他接到一笔大订单,需要给一家公司提供大量帐篷。本想着是个不错的机会,于是花重金购买了许多帐篷,却没承想那家公司突然倒闭了。这下子,他手里剩下大量流转不出去的帐篷,投入的资金也无法回流。但斯特劳斯没有灰心,灵机一动想出了一个妙招——不如用帐篷做成矿工们穿的裤子,帐篷的材质结实耐用,挖矿时穿也不容易被撕裂。最主要的是,山间常有蛇出没,把这些布料染成蛇最讨厌的靛蓝色,还可以保护矿工们的安全。就这样,他制作出的裤子被抢售一空,而这就是我们今天常见的"李维斯牛仔裤"。

还有的人在绝境中也不放弃希望,而是通过惊人的思考"逆袭",反而赚到很多钱。著名的犹太民族研究学家柯友辉讲述过这样一个故事:79岁高龄的犹太人佩拉在临终前拜托家人,希望能帮忙在报纸上刊登一则广告。家人们都以为是老人想要在离开人世前对自己的人生做一个回顾,或是留下一些金句名言。没想到,这则广告的内容完全出乎大家的意料:

"我即将去往天国,如果有人想给天堂的家人带话,可以告诉我。不过,这也需要相应的代价,每人需要给我100美金。"

这则广告的反响也完全出乎大家的意料。人们纷纷在佩拉家门前排起长队,最终,他躺在床上就赚到1亿美元。正如大家所说,"犹太人在死之前的最后一刻还在想着钱",不知道这个世界上还会不会有像犹太人一样,在生命的最后时刻还掰着手指计算钱的人了。总之,犹太人总是善于用异于常人的创意来扭转局势,虽然他们的想法偶尔无比奇特,甚至还会让人瞠目结舌。

### "不同"要比"最棒"更好

犹太父母常常对孩子讲"试着做些不同的思考"。"'不同'要比'最棒'更好"是犹太父母的一贯态度。因为只有"不同"才会有创意,才会创造出更多赚钱的机会。再看看韩国的教育,我们的教育倡导所有孩子都要思想一致。为了消除单一思想的弊端,虽然国家也推行了"论述考试"①这样的"苦肉计",但培训论述学科能力的补习班也应运而生,指导学生如何取得高分,这样一来,论述考试又有什么意义呢?

犹太民族有这样一句俗语:"狮子怕蚊子,大象怕蚂蟥,蝎子怕苍蝇,雄鹰怕蜘蛛。"

狮子虽是百兽之王,但如果被大象踩几脚,怕是连骨头都找不见。蝎子有剧毒,在沙漠里简直能够称霸。雄鹰有着最锋利的喙和犀利的目光,整个苍穹都在它的掌控之下。但谁又能想到,如此凶猛的动物们的克星竟会是蚊子、蜘蛛、蚂蟥、苍蝇这种"小不点"。这句俗语就是在告诉人们"逆向思维"的价值,看起来弱小的人和物有时也能战胜强大的敌人。

无论是陷入倒闭危机、不得不将生意转向其他领域的李维·斯特劳斯,还是临终还在反复思考如何赚钱的佩拉,都没有被现实所击垮,而是换一种视角重新出发,用与众不同的思路打开新局面。他们化危机为机遇,从绝望走向了希望。

《塔木德》中有这样的话:

---

① 译者注:类似于中国公务员考试中的《申论》,但对象为高中生。

"愚蠢之人错过机会，贤明之人抓住机会。弱者等待机遇，强者创造机遇。"

"悲观之人只会从机会中看到问题，乐观之人能从问题中看出机遇。"

只有改掉固化思维笼罩下的想法，才能从逆境中脱身，用富有创意的想法赚到钱。当然，这种思考方式不是只对赚钱有用。人生在世，总会遇到各种危机或困难，它们能成为孩子们的人生底蕴，帮助孩子成长为一个合格的大人。这种生活姿态才是送给孩子的让他今后面对这个世界的最宝贵财富。

## 和父母一起进行的财商教育实战

○ 孩子经常会说,"妈妈,我该怎么办哪,我也没想到会这样""我不知道怎么办才好",遇到这种情况时,如果父母也面露难色,觉得确实遇到困难了,孩子就会放弃继续寻找新机会。相反,家长应该鼓励孩子,"一定还有其他方法的!""别只看到不好的一面,试试看能不能从中学到一些东西"。和孩子一起分享想法和心里话是对孩子最好的支持与鼓励。

○ 父母也可以试着和孩子分享自己的经验之谈,自己曾经怎样逆风翻盘。鼓励也好,安慰也罢,真实的故事总是更有效果。无论是父母自己的故事,还是周围朋友身上曾发生的事,或者是名人、伟人的故事,都会给孩子产生积极引导。

## 培养创意的最佳时机

教育一个有着诸多不忿和不满的孩子并不是一件易事。如果孩子总是放大生活中的不满，父母也会觉得心累，还会担心孩子会不会变得消极起来。每当这时，父母也会反问自己："是不是我让孩子变成这样的？"内心充满疑问，还会带些愧疚感。不过，如果父母能处理好这件事，也许会让孩子养成独立处理问题的习惯。

### 不忿和不满的背后

《塔木德》中有一个关于"抱怨的皇帝和心怀感激的拉比的女儿"的故事。

有一天，一位皇帝来到拉比家，满脸不满地说道：

"上帝简直就是个小偷，他趁男人熟睡时，偷走他的一条肋骨，这和小偷有什么区别？"

显然，《创世记》中上帝用亚当的一条肋骨创造出夏娃的故事让这位皇帝感到愤然。拉比的女儿听到后这样说道：

"陛下，其实，我们家昨晚出了些怪事。虽然这样说很冒昧，但能不能麻烦您帮忙晚上派个人过来呢？"

派人过来对皇帝来说是小事一桩,但他更好奇的是拉比的女儿口中的怪事。拉比的女儿听到他的疑问,这样回答道:

"昨晚我家进了小偷,偷走了我家的金库,但在那留下了一口金缸,我想晚上找个人在这边盯着,看看究竟是谁做的。"

皇帝听后十分惊讶:

"这并不是一件坏事,甚至可以说是好事呀。还有这样的小偷,我倒希望他也经常来我家光顾。"

拉比的女儿听后说:

"这件事和上帝用亚当的肋条创造夏娃也没有太大区别。虽然上帝拿走了亚当的一条肋骨,却也给这个世界创造了价值无限的女人,不是吗?"

皇帝点头称是,后来再也没提过"上帝是小偷"的话了。

在这个故事中,皇帝只强调了"亚当被偷走肋骨"的事实,并表示不满,但从拉比的女儿的分析角度来看,这又变成一件值得感激的事。稍稍转变自己的想法,就能改变自己的视角和处境。

### 化劣势为优势的方法

我们的生活中会用到很多物品,其中的一些因不方便使用而被人们诟病。当使用不方便时,我们是不是经常会埋怨设计和生产物品的公司?再有类似情况出现时,我们何不转变自己的想法呢?不要只是站在消费者的立场,试着换位思考,如果自己是生产者或是公司负责人呢?当我遇到这种情况时,想如何完善这个产品呢?如果是我,该怎样做才能让产品用起来更加便利呢?试着考虑一下,会发现有意外的收获。发挥自己的创意,把不便转换为便利,这就是做事业的核心。"过去完全没有过的发明"是不存在的。能将已有的东西稍做改变,那便是创造。世界上所有发明都是"不满"的产物。正是因为人们觉得台式机太重,携带不方便，才有了笔记本电脑的出现。人的体力再好也总有局限，因此才会有汽车的诞生。

家长应该在孩子表达不满时，引导孩子转变想法，发散思维，朝着更具创意的方向思考。下一次，如果孩子又表达出不满情绪，父母可以这样问：

"那你有什么好想法吗，应该怎么解决这个问题呢？"

当孩子抱怨时，不要一味地训斥，而应引导他们多思考，说不定某个瞬间就是重大发明的灵光闪现，长此以往，孩子总能慢慢培养出解决问题的能力。这是因为，想要解决一个问题，总是会受到诸多制约，但这往往也能激发人的创造力。这种态度和想法也会对孩子的人生起到帮助。当孩子和小伙伴之间因出现问题而争吵时，如果父母问"你要怎么解决这个问题呀"，孩子大概率会气呼呼地说："是他做错事，跟我有什么关系？"但如果家长能陪着孩子进一步聊几句，孩子也许就会开始寻找解决方法。与此同时，在这一过程中，孩子也会慢慢发现自己的不足，对此也会有更深的思考。

脸书创始人扎克伯格从小性格十分内向，不敢在朋友面前表现自己，因此欠缺一些沟通表达能力。但没想到，他的这个短处竟然也能转化为新的创意——也就是脸书中的"点赞"和"转发"功能。他设置这些功能想传达的理念是，"虽然不能当面表达出心意，但我在背后默默关注着你"。这一案例充分说明一个人的短板或缺点反而可以转换为事业上的亮点。

由此可见，改变孩子的思考方式，很可能创造出新的方向，带来新的可能，这是十分高效的教育方法。

## 和父母一起进行的财商教育实战

○ 孩子表现不满或不开心的理由有很多种。有可能是自尊心受挫，有可能是压力太大，也可能是想要在同学中获得高人气。家长要试着和孩子多对话，了解他不满的真正原因后，帮助孩子提升自尊感，学会调节压力。

○ 父母的言行孩子都看在眼里，如果父母平时经常抱怨，这种形象就会在孩子心中埋下种子，孩子也会养成喜欢抱怨的习惯。在这种环境下长大的孩子，很容易变得性格敏感，会因为一点小事就斤斤计较。所以身为父母，也要时常检讨自己，是否给孩子带来不好的影响。

## 把孩子培养成富人的七大"无畏"精神

犹太民族精神文化的基础是"无畏（Chutzpah）"精神，这在犹太人的教育、公司运营、社会管理等方面都有所体现。用一句话来说，它就是犹太人的精神核心，犹太人会赚钱的秘诀也可从中窥探一二。"Chutzpah"的本义是"厚脸皮的勇气，自不量力的傲慢"，主要由七种精神构成，即承担风险、目标导向、打破形式、从失败中学习、混合与和谐、执着、提问的权利。如果孩子们能把上述七种精神根植于自己的血液中，就有成为富翁的机会与可能。

### 激发孩子脑中灵感的火花

所谓"提问的权利"，指的是探索新事物的欲望。犹太民族孩子认为自己有疑问或有不理解的地方是极为正常的现象，他们会很自然地和父母展开对话，问出自己的不解。

这样的文化孕育了平等精神，无论年龄大小、地位高低。犹太民族养成了善于思考、表达观点和与他人讨论的习惯，这样一来就会产生"冲突"。每个人都有自己的想法，碰到别人提出的想法，就会出现思想的交融，碰撞出全新的火花。

如果想让孩子敞开心扉，毫不犹豫地提问，家长首先要有开放的心态。有时孩子的提问难以回答，有些父母可能就会回避这些问题，或是让孩子不要再问，因为父母并不确信自己的答案是否正确，生怕给孩子一些错误引导。但这样的成长环境无法培养出善于提问的孩子，家长应该摒弃"孩子提出的每一个问题，我都一定要回答正确"的想法。如果是自己也不清楚的问题，可以带着孩子一起寻找答案。其实父母的职责并不是直接告诉孩子正确答案，而是应该说"爸爸是这样想的"，"妈妈目前只知道这么多"，然后引导孩子去自主寻找答案，这也可以说是一种"桥梁"作用吧。

家长要知道，善于提问的孩子同样喜欢被人提问。无论是知识还是生活中的事，家长可以试着向孩子提问：最近是否感到幸福？最近特别感兴趣的事是什么？或是问问孩子的校园生活，如学习上有什么新鲜事？如果问得更具体一些，说不准还会引发孩子的兴趣。要知道，任何事情都可以延展出一些问题，在家长向孩子抛出问题的瞬间，孩子的脑海中就开始激荡起幸福的火花了。

如果想让孩子碰撞出思想的火花，就要让孩子学会不要太在意别人的眼光。韩国人对于旁人的意见十分敏感，总是看别人眼色行事，纠结于"别人会不会觉得我很奇怪"的担忧中，很难做出非同寻常的挑战。试想，一个每天都在担心"我这样做妈妈会不会生气""别人会不会觉得我很奇怪"的孩子，怎么会有勇气做出新的挑战呢？突破固定模式的本质就是挑战。

想要培养出孩子"勇于打破传统模式的精神"，家长就需要认可孩子的所作所为。只要确保不是非道德或违法的，不会伤害到其他人，父母就可以将孩子的行为理解成孩子的个性。我们应该从孩子的观点——而非父母的观点、他人的观点和社会的观点——出发去看待孩子。

"从失败中学习"是十分重要的。全天下的父母都希望孩子走稳定、安全的成功之路,但所有成功的绝对法则都是"从失败中获得经验"。当孩子们向家长提起自己的失败时,家长一定不要表现出失望或遗憾,应该让孩子明白,失败不是一件让人伤心的事,更不是什么羞愧的事。

"现在,你又知道了一个不会失败的方法呢。"

"哇,我家宝贝又自己学习到东西了呢。"

孩子看到父母能欣然接受失败,自然就不会畏惧失败,养成百折不挠的精神也指日可待。

## 孩子必须知道的"高风险"和"高回报"

"目标导向"和"坚持不懈"可谓是"组合套装"。如果目标不明确,就很难做到坚持不懈,也就是说,若想坚持做好一件事,没有明确的目标是很难实现的,家长有义务引导孩子。

"风险承担能力"是打造富人的原动力。"高风险,高回报",正如这句话所言,一个人具有能承担风险的挑战精神才能创造出更大价值。为了培养孩子这方面的承受能力,家长需要常常鼓励孩子,给他们勇气。当孩子有所犹豫或者拿不定主意时,家长应该给孩子力量,告诉他们:"试一试吧,也许能成功呢。"

"不尝试就没有任何收获",应让他们体验"风险与回报"的定义。这样多次尝试,孩子就会逐渐树立自信心,因为当他们成功做到了发自内心地喜欢的事时,那股成就感是巨大的。

在韩国的教育体制下,想要培养"和而不同"并不容易。为了考上好学校,班上的同学都是自己的竞争者。在这样的竞争环境下,同学们很难以开放的心态拥抱彼此。他们从学生时代起就独自学习,独自为成功而努力,在这样的模式下,想要养成和大家一起合力做事的能力确实不易。但家长应该让孩子了解"和而不同"的重要性，可以设定一些特定的任务帮助孩子理解。如果家里是两个孩子，就设置一个"需两人共同完成的课题"，让两个孩子一起讨论，如果孩子成功完成，家长可以适当给予鼓励。

"Chutzpah"的七大精神是儿童教育的基本，从商业角度来看，它也是培养富人的捷径。能够不断学习、挑战、合作并坚定不移地朝着目标前进的孩子，无异于已经将成功牢牢握在手中。

## 和父母一起进行的财商教育实战

○ "Chutzpah"精神在实践中遇到的最大障碍便是"权力",在父母和老师强强联合的"权力"环境下,孩子们很难发挥有些"横冲直撞"的"Chutzpah"精神。我这样讲并不是想告诉家长在教育孩子时可以让他们为所欲为,而是说不要用大人的权力来遏制孩子们提出的问题和想做的挑战。

○ 家长和孩子都要从"二分法"的思维逻辑中跳脱出来。孩子们最经常向父母提出的问题就是:"我可以这样做吗?""我这么做不行吗?"如果所有人都一分为二地看待这个世界,会很难发现第三种富有创意的路。如果再遇到此类问题,家长不妨这样回答孩子:"倒是可以做,但不可以再……""也不是完全不可以,除非你能做到……"。这样附加更多选择方向的提议对孩子更好。

## 培养赚钱能力的四种教育

"会赚钱的能力"具体指什么呢？是要有与生俱来的商业触角，还是要对金钱有着强烈的执着？是否也需要天时和地利？对于以上问题，如果你给出的答案是肯定的，那你所认为的就不应该叫"会赚钱的能力"，而应该称为"敏锐的嗅觉"或是"偶然的运气"。实际上，"会赚钱的能力"并不来自运气，而是来自教育。犹太人的财商教育也告诉人们，"会赚钱的能力"主要靠后天养成。若非如此，犹太人的财商教育方法也不会像今日这般世界闻名。

**养成赚钱能力的赚钱教育**

犹太父母会从小教给孩子四件事，这四件事乍一看好像并无太大关联，但如果仔细剖析，会发现它们有着紧密的联系。

第一件事是"双重语言教育"。除了他们本国语言希伯来语外，犹太父母至少会让孩子再学习两门外语。Yiddish（中世纪希伯来语）和英语必须熟练掌握，另外还会教孩子学习德语、法语等。因此，通常情况下，哪怕是十岁左右的孩子，也会掌握三四门外语，尽管称不上精通，但他们也比其他外语学习者的能力更为卓越。在"韩流"全球盛行的情况下，有些孩子甚至还学起了韩语。犹太父母让孩子学习多门外语并不是毫无来由的，他们会从孩子小时候就告诉他们语言的重要性，也会鼓励孩子多和"外国朋友"交流。只有他们切身体验过和外国人交流的快乐，他们的语言能力才能更快速地进步。

第二件事就是"心算"。心算并不意味着在心里做加减法那么简单，其背后蕴含的内核其实是"集中注意力"。只有在心里牢记各种数字，才能计算出最终答案。这要求大脑要快速运转，有益于大脑开发。

第三件事是"随手记录"的习惯。"犹太人绝不容忍模糊不清"。他们相信，只有把事情清清楚楚地记录下来，才能有依据做出更多判断。

第四件事是"主张杂学"。按照韩国的教育制度，其实并不太主张和看好"杂学"。俗话说"莫学灯笼千只眼，要学灯笼一条心"，我们往往对于"专业"的偏好度更高，或多或少会觉得"杂学"只会给人带来浅薄的知识。但犹太父母则不同，他们从孩子小时候起，就会与孩子讨论经济、政治、历史、体育和文化等广泛的内容，尽管这些对于学习和日常生活可能并不会起到太大帮助。

那么，这四件事是以怎样的方式相互关联，又是如何对培养赚钱能力起到帮助的呢？"跨领域沟通，通过沟通获得信息"，上述问题的答案正在于此。

## 培养赚钱能力的教育方法归根结底只有一个

想要会赚钱，就要对信息高度敏感，能掌握一手信息的人不会赚不到钱。犹太人之所以能够掌控全球金融市场，其对信息的掌控力绝对功不可没。要知道，各种信息都会对股价产生很大影响，有时权威人士或媒体的一句话甚至就可能让股价暴涨或是暴跌。所以，汇率的走势、黄金和石油价格的上下浮动，都需要我们每时每刻密切关注，分析其背后的原因，并做出判断。

创业也是同样的道理。最近的大趋势是什么，人们都在关注什么，只有对一个领域做好充分的了解，才能在相应的市场里抢占先机，赚到钱。做生意也是如此。当炸鸡店遍地开花时，假设一个人也想顺势开一个炸鸡店。他听到业内都在说"炸鸡店已经走到末路了，基本已经达到饱和状态"，和没有收到任何消息就盲目相信"炸鸡店的生意好做"，在这两种状态下，他做出的决定会完全不同。

犹太人获取信息的能力也和"安息日"的时间有关。他们的安息日和基督教一样，不是从周六早上开始，而是从周五日落时分开始，并于周日傍晚结束。于是，他们从周日晚开始进行各自的社交活动，互相交换信息，以此为基础对自己的工作进行调整。当其他人等到周一上班才开始准备交换信息时，犹太人早已先人一步，充分掌握了各种信息。

但信息的生命力在于"准确性"。犹太民族孩子从小严格养成随手记笔记的习惯，也是为了保持信息的准确性。另外，他们还掌握着3~4门外语，这使得他们获取、交换信息的渠道和范围大幅提升。我们只是韩国人和韩国人沟通，但他们呢？他们可以和美国、英国、德国等其他国家的人沟通并获得高质量信息。他们将所有信息汇总到一起后，信息的准确性也会更上一层台阶。

丰富的学习和讨论都与获取信息的能力相关。对于某些特定信息而言，仅凭信息本身无法判断其准确性，这就需要我们用丰富的知识背景和缜密的思维逻辑来佐证。面对同一条信息，用经济的观点、政治的观点、历史的观点和文化的观点依次分析，其价值才能真正显现。犹太人学习并热衷于讨论杂学的原因也正在于此。了解的学科门类越多，就越擅长站在不同的角度思考，消息的价值越发凸显出来。

最后，心算可以提升人的思考速度。金钱，归根结底是数字问题。

当听到一个消息时，如果大脑能飞快计算出可以获得多少经济利益，就能帮助我们快速做出决策和判断。

因此，犹太人的四种教育方式可以被简单概括为"通过多样、清晰的沟通，获得准确消息的能力"。当然，获取信息的能力并不是能否赚钱的唯一决定因素。但如果没有这项能力，的确会很难赚到钱。进一步说，这项能力对于提高生活质量也十分有帮助。如果一个人在沟通过程中可以读懂对方意图并作出回应，或是能够和外国人畅聊，那他的生活质量一定要比不会这样做的人的更高。就仅仅是生活质量会有变化吗？当然不是，当有着丰富的知识和涵养的你在和别人对话时，对方也会觉得你充满魅力，是一个有趣的人。这会对良好的人际关系起到不容小觑的作用。

简言之，培养赚钱能力的四种教育方法就是"获取最新鲜、丰富的高质量信息的能力"。大家都清楚，信息不会自己跑到我们面前，而是我们通过良好的习惯和努力培养出的能力去不断发现的。能够从隐藏在各处的信息中发现价值，并通过这一发现预测未来的能力，正是赚钱技巧的核心。

## 和父母一起进行的财商教育实战

○ 请各位父母多引导孩子把自己要做的事记下来，然后按照清单一件一件去实现。去超市前列好购物清单就是一种很好的训练方法，父母可以提醒孩子，结账前检查好是否按照清单买到了所有物品，是否有遗漏。

○ 父母要利用好孩子看电视的时间，让他们通过电视接触不同领域的内容。全家人一起看新闻或是综艺节目时，多讨论里面出现的文化、政治、历史、经济等内容。

○ 很多父母都明白，让孩子学习外语是教育中必备的一项。但更重要的是让孩子弄清楚学习目的，不是为了学习而学习，而是为了能更好地交流。父母需要让孩子用自己的亲身经验和各种能接收信息的渠道体会到，精通一门外语，能对生活质量和生活趣味的提升起到多么举足轻重的作用。如果不能让孩子清晰地认识到学习目的，他们就会缺少学习动力，那么学习外语只会成为他们既痛苦又无聊的事。

## 第四章 一定要培养的经济习惯

## 概　要

　　成功和失败都是各种个人习惯叠加作用的产物。正如我们的生活中有保持健康的习惯、努力学习的习惯、保持良好关系的习惯。同样，还有一种习惯是"懂得理性消费"。如果孩子小时候未能养成这个习惯，长大后也会铺张浪费，有可能他很努力地做一件事，最后也不会得到想要的结果。消费这件事本身就带有文化属性，我们常说的"月光族"就是新时代下人们一种不健康的消费行为，这会对消费观带来不好的影响。

　　因此，家长需要从孩子小时候就培养好他们的经济习惯，这样他们长大后才不会轻易被改变。这好比是一棵大树，如果想要茁壮成长，根就要深深埋在土里。只有小时候养成健康的消费习惯，打下良好基础，长大后才能收获更加健康的人生。

## 为了合作，讨论也需要技术

韩国的小朋友实际上都很聪明，学习成绩也不错，这一点能得到全世界的认证——在由经济合作与发展组织发起的国际学生评估项目（PISA）里，在三个评估领域中，近些年来韩国的排位分别为：阅读素养第 2~7 名，数学素养第 1~4 名，科学素养第 3~5 名。相比于平均水平至少高出 27 分，有时还会高出 37 分，可以称得上是排名靠前的水平了，这也是值得骄傲的一件事。尽管我们的孩子都很聪明，但还是很难入职全球性的外资公司。即使成功入职，后面也难以适应工作环境。这是因为我们的孩子不擅长"合作"。韩国人很擅长"单独作战"，对于那种需要先讨论再合作完成的工作会有些生疏。提到影响赚钱的几个能力，"合作"也是其中的关键因素之一。无论是提供一项服务，还是设计一款产品，都要和同事们"一起"商量，因为只有打动和说服消费者，消费者才会"同意"购买。从这角度来看，我们和消费者的关系也是一种"合作关系"。

### 一致通过的危险性

人们都喜欢"一致同意"这个词。在一个团体中，只要所有成员都同意，大家就认为这是"正确的意见"，于是就十分愉快地鼓掌通过，达成共识。犹太人正好相反。他们如果遇到"一致同意"的情况，反而会产生疑问："怎么会出现这样的情况呢？"在《塔木德》中有这样一个故事：

曾经有一个人犯下大错，法官们一致同意将他关进大牢。如果韩国人遇到这样的情况，一定早将他直接送进监狱了。但犹太人的做法十分与众不同。法官们看到如此结果，宣布该判决无效，并下令重新收集证据，其理由是"所有法官想法完全一致，此事必有蹊跷"。

实际上，犹太人在潜意识里十分抵触"毫无争论就下结论"。从小就习惯讨论的他们，遇到这种情况会觉得十分讶异，正如他们的俗语中"三个犹太人碰到一起，意见绝对不止三种"讲的一样，每个人的想法和意见都很不同，大家都抱着开放的心态去看待一件事。

提到犹太人的教育，称其为"从头至尾一直讨论"也不为过。那么，他们究竟为何如此重视讨论呢？实际上，讨论的目的并不在于想要确认"我和你不同"，而是"在各不相同的想法之上达成合作"。人与人之间不只有同质性，还有异质性。如果只看到彼此的同质性，达成一致意见，那么未来有一天异质性显现出来时，就会发生各种问题。讨论的教育意义在于承认、理解彼此的差异点，在此基础上再达成共识。

然而，韩国的学校教育却不重视讨论，因此，虽然孩子们的学习实力位居世界前列，但韩国人在真正需要合作的工作中无法发挥出真正的能力，这也是为什么韩国人的创业很少有多人合作的模式。

### 在讨论和辩论中产生财富

家长可以试着提问孩子："你知道一根针上可以坐几个天使吗？"也许孩子会这样回答你："妈妈，我每天在学校已经够忙的了，你还要问我这种奇怪的问题吗？"

那如果反过来，是孩子问出这样的问题，也许大多数父母都会如此回答：

"你给我好好学习，哪来的这些奇怪的问题？天天就会想这种奇怪的问题，是能让你吃上饭？还是能让你赚到钱啊？"

但在《塔木德》中，拉比们就这个问题争论了很久。重要的不是真的争论出有几个天使能坐在针上，而是他们不断争论这个问题的态度和方式、坚持不懈地寻找答案时的钻研和挑战精神。

虽然有些父母会认为这种问题完全是无稽之谈，但往往有些看似让人摸不着头脑的问题反而会生财。有很多全球知名企业的面试环节中都有类似的问题。如果你之前就同类型的问题和别人讨论过，面试时就知道该如何回答这类问题，相比于其他面试者会更具有竞争力。《塔木德》中记录的很多故事讲述了人们如何通过讨论来寻找自我。不知道犹太民族究竟是怎样生活才总结出如此多的智慧的，他们不仅细心研究社会中的惯例，还用更加富有批判性的思考方式，结合道德做出判断，这才使得他们成为更加成熟理性的社会人。

我从小儿子7岁起，每天都找几则儿童能理解的新闻，边吃早饭边跟他讨论。我从不限定主题，政治的、经济的、社会领域的，都会涉及，这个习惯一直延续到他上高中。因此，我儿子的逻辑表达能力和写作水平都变得越来越好。不过回过头来看，也还有些遗憾的地方，我总是太注重经济用语和概念，一些从实际生活中延展出的理解和财商教育有所欠缺。我总在想，如果我当初也多注意这些问题，我的儿子是否会有更出色的表现呢？

讨论和辩论都是生活中的武器。孩子通过讨论和辩论学会与他人分享想法，理解彼此的不同，创造出更多、更好的合作机会。通过这些合作，他们会慢慢长出慧眼，辨别如何才能创造出经济价值。学校也许不会教给孩子这些，但我们做父母的一定要让孩子明白。

## 和父母一起进行的财商教育实战

○ 父母如果只是给孩子订阅儿童报纸，一味地告诉孩子"每天都要读哦"，实际效果并不大，时间长了，孩子也许看都不会看一眼，家里的无用报纸只会越堆越多。想要让喜欢玩游戏、看视频的孩子们埋头认真读起白纸黑字，这基本上是不可能的事。所以家长需要思考如何把阅读和孩子喜欢的事联系起来。

○ 如果孩子喜欢玩游戏，那就让孩子从与游戏相关的报道读起。试着和孩子聊聊，游戏公司一年会有多少创收？这会给社会带来多大的价值？或者不一定非要是新闻，游戏中的角色、武器、皮肤和技能，这些都可以成为家长和孩子间的话题，只要能引发孩子的兴趣就好。

○ 家长能做的最有效的财商教育，就是走进并参与到孩子的世界中，带领孩子讨论他们的世界中发生的事。

## 小确幸和 YOLO 族的陷阱

犹太人的消费方式比较极端，有时会"一毛不拔"，有时又会"挥金如土"。这使得人们不得不产生疑问："犹太人花钱全凭心情？"但作为全世界花钱最严谨的民族，犹太人怎么会如此随意消费呢？

那么，我们该如何理解犹太人在消费上两极分化的行为呢？透彻分析他们的消费习惯，对于我们来说是一个重要契机，能够帮助我们培养孩子未来良好的消费习惯。如果家长不能在孩子小时候培养其对消费的自我把控能力，靠孩子自己摸索出正确的消费观需要浪费很多时间，孩子会长期沉浸在"消费由心情支配"的恶性循环中，哪怕赚的钱再多，也总是会入不敷出，长此以往，他只会拥有"透支的人生"。这就是为什么在培养孩子赚钱能力的同时，也要培养良好的消费习惯。

### 感性而非必要的消费

说到犹太人的消费观，相比于"节省"，他们甚至更趋近于"忍耐贫困"，他们不是"普通的节俭"，而是"哪怕忍受些痛苦也要做到彻底的节俭"。虽说这是犹太人经历过苦难后总结出的心得，但早在《圣经》中就有所记载——世间万物都归属于上帝，每个人只不过是听差来守护这具躯壳，是个管理者罢了，怎么可以按照自己的想法随便花钱呢？但有些时候，犹太人也会送朋友很贵的礼物，也会拿出一大笔钱去旅行。

也许很多人无法理解这两种完全相反的消费方式如何共存，但犹太人的消费基准都围绕着一个词，即"合理性"。当他们认为一笔钱并不该花时，他们内心会觉得"忍耐贫穷"是合理的；当认为一笔钱值得花时，那么花钱的举动就是"合理的"。不该花钱时乱花，该花钱时舍不得，这是错误的消费习惯。如果在给父母买礼物、给孩子买十分想要的东西时也舍不得花钱，那就不是"合理性消费"，而是"守财奴"行为。当然，每个人对"合理性"的标准和定位各不相同，对同一件事的看法也会不同。不过没关系，重点是孩子们能找到自己的"标准"和"合理性"就好。

韩国近几年的流行语中有两个叫"小确幸"和"YOLO族"的新造词。"小确幸"是指"虽然微小但确实存在的幸福"，"YOLO族"则是从英文"You Only Live Once（享受当下）"的英文首字母而来。这些词寓意着我们对小事也容易感到满足，将钱花在这些日常的细微小事上也是有意义的。追求看似宏远实则华而不实的人生常常会让人觉得虚无，其实像这样能够对一些小事心怀感激并感到幸福也是可取的。不过问题就在于这种"小确幸式"的消费也要以"花钱收获快乐"为目的，即消费时应反问自己："如果花了这笔钱，我会变得更开心了吗？还是不会？"说到这里就会提到消费时最怕碰到的问题——不是为了合理或必要，只是因为"感性"而花钱。

"YOLO式"的消费也是同理。"享受当下"这句话本身是值得被尊重的价值观。因为人生本身就是由无数个"现在"组成的，只有快乐地度过每一个"现在"，人生才会变得更加幸福。但有些人也会过度解读或歪曲这句话的含义，特别是有些年轻人认为这句话是告诉我们可以"逃避现实"或"安于享乐"，在购买昂贵的进口车和名牌商品时眼睛眨都不眨一下。这对 20 多岁的人来说是非常危险的倾向，甚至有些新闻报道称"年轻人正在成为奢侈品市场的主要买手"，难道这些孩子都生活在条件绰约的家庭里吗？实际上并不是这样的，据说有很多孩子会省吃省喝，用打工三四个月的钱去买一个上万的名牌。YOLO 族消费的本质并不在于"合理的标准"，而在于"用尽全力享受仅有一次的人生"，追求在这种消费准则下产生的快乐很有可能养成十分危险的消费习惯。

## 花钱的乐趣，攒钱的乐趣

犹太民族的谚语中有这样一句话："宁可一辈子每天都吃洋葱，也不为吃上一顿大餐而饿一辈子。"由此可见犹太人是如何衡量情感和消费之间的关系的。饱餐一顿丰盛的美食会让人心情变好，但大手大脚把钱全部花完，其后果也是需要独自承担的。反之，虽然只吃洋葱产生的快乐会相应变少，但因贫困带来的痛苦也会减少。

细细想来，哪还有比吃东西更"小确幸"的事呢？吃一顿美食来愉悦味蕾，再没有比这件事更能体现"享受当下"的了吧？但我们要时刻谨记，瞬间的快乐也可能成为痛苦的开始。辛辛苦苦打工三个月，好不容易才赚来的钱花在买名牌上面，虽然刷卡的一瞬间能感到无比幸福，但它也代表着需要再打好几个月的工，需要忍耐肉体上的痛苦。家长要让孩子明白，伴随着一瞬的"极其幸福"而来的，很有可能是"更加贫穷"和没完没了的苦难。

当今的韩国社会也产生了类似的文化，特别是在 20 多岁的年轻人中。之所以会出现这样的现象，正是因为他们小时候没能接受正确的财商教育。当然，这也和当代年轻人很难寻求情绪发泄口的社会现象有关。任何人在压力之下都需要纾解，否则积压太久都会喘不过气。再看看我们的孩子，他们连如何在学习的紧张感之下放松都没有学会，长大后拥有赚钱能力时,自然会通过非理性消费来解压,并把这种行为包装成"小确幸",但这其实是一种"不顾明天"的消费方法。这种长期以来被压迫的情感转换为"大爆发式"的消费,也就是最近大家所说的"报复性消费",也是同样的道理。尤其是新冠肺炎疫情出现以来,大家的出行都被限制,等到能自由行动时自然会大肆进行"报复性"消费。

为了避免让孩子形成非理性消费习惯,家长要让孩子明白"攒钱的乐趣"远大于"花钱的乐趣"。还有一句话这样说:"贫穷的人通过花钱来解压,有钱人用攒钱来解压。"如果父母从小就告诉孩子攒钱的乐趣,就会在孩子内心种下一颗种子——"攒钱是为人生打好基础的愉快过程",孩子就能明白"小确幸"和"YOLO族"只是一种"过度消费"的生活方式。

父母要帮助孩子学会纾解压力的方法。在压力面前,孩子还是比较脆弱的。与老师、父母和同学们之间的相处和人际关系都会给孩子带来压力,孩子不知该如何释放。所以,这个过程就需要家长参与,帮助孩子寻找排解压力最合适的方法,不要让孩子养成通过消费来解决问题的习惯。

## 和父母一起进行的财商教育实战

○ 为了让孩子感受到"攒钱的快乐",需要赋予钱一定的含义。实际上,储蓄的钱从物理角度来看是没有价值的,特别是存到银行或是存折里的钱,孩子连摸都摸不到,更是无法体验到什么真实感,所以孩子也感受不到存钱的快乐。相反,花钱的当下可以让人感受到快乐,所以人对花钱的欲望才会越来越强烈。

○ 家长试着给存款赋予一些恰当的意义。"这笔钱可以花得更有价值","这笔钱可以帮你得到你真的很想拥有的东西",等等,用语言表述让孩子感受到金钱的价值。给账户取名字的时候,也可以取为"5年后用来×××的钱""再攒3年就能买到××"等含有"对未来做准备"含义的名字,赋予金钱更深刻的意义。

## 经济活动的避雷法则

父母不仅应该教育孩子如何过上好的生活，也应该教育孩子如何避开生活中的"雷"。父母应该提前告知孩子，等他们长大成人后需要在经济活动上避开的风险点，大体而言主要分为以下三点：投机、虚假广告、信用不良。即使是经济活动正常的人，稍不注意也会陷入这些"隐藏的危险"之中。大家都知道，只有用信用卡不断贷款，信用等级才会不断提高，但如果未能遵守还款期限，就很容易造成信用不良。虽然人们为了能在众多商品中做出正确的选择而不得不看广告，但如果完全相信广告，就很容易过度消费。投资也是同样的道理，为了赚到更多钱，投资是不得不做的事，但如果没有谨慎行事，自己积攒许久的钱也可能会"飞走"。下面让我们看看如何教育孩子，才能让孩子避开经济活动中的"雷区"。

### 投资的对象，是鸡还是鸭？

全球金融公司摩根大通创始人约翰·皮尔庞特·摩根（John Pierpont Morgan）是犹太人，他可谓历史上最伟大的金融专家。他父亲从他儿时就开始强调，"一定要避免带有投机性质的交易"，由此可见投机在经济活动中有多危险。

令人感到惊讶的是，对"投机"和"投资"的概念混淆不清的人竟然不在少数。虽然都是利用现有资金换取收益，但二者间也存在很大差异。投机是把钱交给"运气"，投资是把钱交给"自己的想法"。此处的"想法"是指通过缜密的分析判断可以获得多少收益后再进行交易。简单来说，"投机"是毫无个人想法地跟风他人，自己甚至还没搞清楚是否能赚钱，就开始盲目投钱。

关于正确的投资，《塔木德》一书中记载了这样一个故事。

曾有一个男人向一位很会赚钱的犹太人提问：

"投资的要领究竟是什么呀？"

犹太人这样回答道：

"怎么说呢……举个例子吧，假如最近鸡蛋价格大幅上涨，投资的人开起了养鸡场，但没过多久，这个地方就开始连日下大雨，引发洪水，最终鸡全部都被淹死。但换作是擅长投资的人，也许最开始就会预料到这样的情况，会选择养鸭子而不是养鸡。"

鸡既不会浮在水面上，也不会游泳，但鸭子起码还可以在水面上浮起来。这种事前分析好鸡和鸭的特性，根据结果选择投资对象，并把风险降到最低以获得更高利润的判断，便是投资的要领。只有父母从孩子小时候起就将投资和投机的差异解释清楚，孩子才会明白这两个概念间存在的差异点——"有分析和理由的个人思考"——才会培养出消费时自我思考的习惯。

另外，关于"信用"的教育也很重要。在当代社会中，"信用"甚至重要到可以左右"人生的阶层"。虽然使用信用卡有许多弊端，但在当今的金融社会中，人们很难做到完全不用它。无论是买车还是买房，总归有需要贷款的地方。如果信用不良，生活的很多方面都会受到影响。于是犹太人在财商教育中最看重的一点就是信用，在教育孩子时他们会说，"信用是我们和上帝之间的约定"，提醒孩子务必要遵守。

### 批判性思考塑造健康消费习惯

《塔木德》中记载了一个这样的故事。

曾有一个犹太人因犯有重罪而被判死刑。但他听说母亲病危的消息，想要回家乡再见母亲最后一面。这名罪犯思前想后实在不知道该如何是好，于是找到自己的朋友，想拜托朋友帮自己做担保。但他请求的担保不是一般的小事——如果他没能按时回来，受委托的朋友需要代替他被执行死刑。两人是多年好友，因此朋友答应帮他这个忙。几天后，到了约定期限的最后一天，罪犯迟迟没有出现，那位完全信任他的朋友选择放弃一切，走上了刑场。就在朋友即将被处决的时候，死刑犯从远处奋力跑来。看到两人的友谊在死亡面前仍如此坚定深厚，皇帝备受感动，最终决定赦免罪犯。

犹太民族经常被称作"讲信用的民族"，他们十分看重信用，而且这不仅限于道德层面。他们会严格守护彼此的信用，互相交换外人不知道的信息，通过大量投资来壮大自己的势力。对他们而言，信用是社会生活的"第一原则"。

让子女从小养成对"信用"和"约定"的正确态度，这比让孩子拥有金钱更有意义。如果孩子不仅对银行和信用卡公司讲信用，在待人接物各个方面都能严格"守信"，即使日后孩子遇到困难，身边的人也会提供帮助。实际上，信用就是一件"收割"人脉的事。

信用教育应该始于家庭，孩子答应父母的事一定要让孩子做到。家长需要让孩子知道，如果缺乏约定和信任，人与人之间的关系就会产生裂缝。还要让孩子清楚，被别人评价为"信不过的人"是多么刺痛内心的一种感受。

与此同时，家长还应告诫孩子对广告抱有警惕。"批判性的见解"和"合理的怀疑"对年龄比较小的孩子来说还很难具备，因此他们很容易轻信广告，不加任何批判性的思考就全盘接受。举个例子，当成年人看到一则 100 平方米房产的广告时，脑中会想"我的经济能力是否能承担这套房子""周围的便利设置和生活基础设施是否完善"等诸多问题，但对于孩子来说，他们只会想"房子好大，真好"，于是就想买来住进去。特别是最近视频网站人气暴增，在媒体平台上随处可见各种广告。电影院也不例外。2019 年电影《冰雪奇缘 2》上映时，某媒体对电影院在影片播放前的广告数进行了统计，结果显示，仅是影片正式开始前的 10 分钟就播放了 49 条广告，这就意味着孩子在长达 10 分钟的时间里接触到了各种类别的广告。

批判性的思考要通过教育来培养。为了让孩子不被乱象丛生的广告所迷惑，家长应主动和孩子多聊一聊广告，多方位给孩子提供不同信息，激发孩子对广告的思考。如果是孩子急着快点长高而想要买增高药，家长需要告诉孩子更科学的事实——不挑食、多运动才能长高。如果是孩子被快餐和碳酸饮料的广告"洗脑"，父母就该多告诉孩子一些关于饮食方面的知识，或是和孩子一起读读健康饮食的书。

别说是孩子，就连大人有时也会被电视广告诱惑，冲动消费买下许多东西，事后又后悔。所以请各位家长切记，只有从孩子小时候教育他们不要冲动消费、不轻信广告，他们长大后才能逐渐养成明智、健康的消费习惯。

## 和父母一起进行的财商教育实战

○ 孩子经常会轻信广告，看到广告中的产品就央求父母也给自己买。这时就是带孩子讨论广告的最佳契机。即便是孩子在看过广告后，做出了合理的判断，想要买一样东西，父母也应该再问问孩子，"你真的需要它吗""你认为它的价格合理吗"等，通过各种对话得出最终结论。

○ 信用卡对孩子来说就好像是"魔法棒"，所以每当父母因为钱而感到烦恼时，孩子总会说"妈妈，我们刷卡就好了呀"。每当这时，父母都应该借机给孩子传达"信用卡里的钱是需要还的""我们这是在跟银行借钱"的概念，来让孩子明白需要慎重消费。

# 赚钱的特定原理和法则

虽然孩子现在能在家长的臂膀下被保护，但他们终有一天需要离开父母的怀抱，独自面对社会，开始自己的经济生活。虽然大家都清楚赚钱是一件辛苦事，但也不是完全没有轻松赚钱的方法。如果能知道特定的法则和原理，任何人都能轻松赚到钱。家长要教育孩子，在赚钱这件事上切记要"诚实"和"努力"。虽然在做人方面，家长也会教育孩子要做到这两点，但孩子很难认识到这也是赚钱的基本原则。哪怕是一辈子都勤勤恳恳工作的人，也难免遇到困境。在这里我想说的关于赚钱的"特定原理和法则"，正是"理解对方的能力"，也就是"同理心"。

## 世界级金融家强调的事

说起世界级金融家，犹太民族罗斯柴尔德家族的梅耶·阿姆斯洛·罗斯柴尔德（Mayer Amschel Rothschild）绝对是不可不提的一位。梅耶自幼励志成为一名拉比，于是去神学院上学读书。不幸的是，父母的早早离世迫使他不得不中断学业。即便如此，他从《塔木德》中学到的知识和智慧也足以为他后来成长为金融家打下良好基础。梅耶也用他在《塔木德》中学到的东西来教育他的子女，教会他们犹太人的精神和经商方法。他经常强调:"犹太人有两个赚钱的方法,一个是过去5 000年的历史,另一个便是头脑。"也就是说,犹太人之所以会赚钱,是因为他们利用千百年来积累的智慧不断思考。

他还特别强调,"让对方感到快乐的能力"十分重要。他并不是指要随时看别人的眼色行事,所谓"让对方感到快乐的能力"是"满足顾客的能力"。换句话说,这个世界上所有交易的本质都是让客户满意。花钱的是消费者,只有让消费者愿意掏钱,一个企业才能获得不断地发展。

实际上,我们现在经常听到的"客户满意"这句话最早也起源于犹太人。在中世纪的欧洲曾有"行会"(Guild)制度,行会也就是城市里不同行业的手工业者和商人们组建的组织。但这种组织具有排他性,不参加组织的人不能营业。犹太人作为游荡在世界各个角落的流浪汉当然很难加入行会,但他们最终想出不加入行会也能打败他们的妙计——"以更低廉的价格,卖更优质的产品"。梅耶所说的"满足顾客的能力"指的也是这种"客户满意"的方式。

"承兑汇票"也是从犹太人那里开始兴起的。虽然当时大多数商人都希望做现金交易,但犹太人十分大胆地利用汇票,让没有现金的人也可以参与交易。由此,市场交易愈发活跃。仔细想想,汇票其实也是一种"让对方快乐的能力",因为它给了那些当下没有现金的人也可以交易的机会。

主动先去关心、体谅对方实际上并不容易。连历经复杂社会的大人都很难做到,更何况是小孩子呢?所以,家长更应该教会孩子努力走进并理解他人的内心。

从"情绪"共情能力到"经济"共情能力

这种理解他人内心想法的能力,我们通常称为"共情能力"。据美国斯坦福大学的研究表明，包括共情能力在内的情商是决定人们能否成功的重要因素，因为理解并走近他人，能够帮助人们形成更加亲密的关系，这能让我们的人生朝着更加积极的方向前进。

但问题就在于我们没有培养孩子共情能力的教育过程。既不能像数学题目一样，解出答案就好，也不能像英文单词一样，背下来就可以。只有让孩子互相理解，互相体谅对方的情绪，多多积累类似的经验，他们才能培养出共情能力。只有当父母能发自内心地体谅孩子的心情，了解他们内心所想，孩子才会成为一个懂得体谅他人的人。因为他们只有体会过被他人理解是怎样的感觉，才会对他人产生同理心。所以，大人不能总是按照自己的一套标准去评价和衡量孩子的一言一行，更不能无视或妄自否定他们。

哪怕和孩子在一些观点上有分歧，也不要一味地否定孩子。家长可以试着反问："如果你是爸爸，你的孩子像你刚才那样说话，你会有什么感受？""如果你是妈妈，你会给孩子买这样的东西吗？"只有引导孩子换位思考，才能让孩子跳脱出以自我为中心的"圈"，站在他人的角度上去思考。

将这种基础共情能力转化为"经济共情能力"也很重要。所谓"经济共情能力"，就是在经济活动中体恤他人的能力。假如我们是玩具生产商，我们不仅要站在卖家的角度去思考，还要站在小朋友的角度去想。家长可以问问孩子："如果你是玩具生产商，你觉得自己的产品怎么样啊？""如果你是玩具生产商，你会怎么改良，让玩具看起来更好玩呢？"如果是一家人外出吃饭，父母可以试着问问孩子："你知道怎样才能做出这些好吃的吗？""如果你是这家店的老板，看到客户做出什么样的反应会感到满足呢？"这样可以帮助孩子从自己的思维圈里跳脱出来，试着站在开发者或生产者的角度看待问题，学会换位思考。

有很多专家表示，无论第四次工业革命发展得多么迅猛，人工智能都永远无法赶上人类的共情能力。因此，理解他人的内心、帮助他人解决问题、给他人带来满足感的经济共情能力，才是保障孩子能够在经济上取得成功的重要能力。

## 和父母一起进行的财商教育实战

○ 共情能力从人们健康的相互作用中产生，对于当下沉迷于智能手机和电子游戏的孩子们来说，想要做到顺畅的相互作用并不容易。所以，家长要最大限度地让孩子和其他人"面对面交流"，提高包括情感、表情和对话在内的共情能力，这些都是无法从电子设备中感受到的。

○ 家长应该严格限制孩子玩游戏和看手机的时间。养成习惯，孩子才能接受规则。父母应该努力帮孩子走出游戏和虚拟世界，带他们感知更多现实生活中的乐趣，一家人多多在一起相处，还可以增进彼此间的感情。

## 用谈判和人脉一决高下的犹太人

人生在世，其实就是一个不断和他人谈判的过程。因为每个人的想法都不同，想要的也不一样，所以大家都需要用谈判来获得一部分自己想要的东西，再做出一部分让步。就连家人之间也需要谈判，尤其是随着孩子渐渐长大，他们也会想和父母"讨价还价"。虽然父母偶尔会觉得有些不知所措，但仔细想想就会发现，其实成人世界的大部分经济生活也是协商的过程。去一家公司面试也是同样的道理。我们都会问自己："为什么我要来这家公司上班呢？"这个协商过程既是说服自己的过程，也是提高自己谈判能力的过程。入职以后的升职、加薪，与同事间的相处，都需要谈判来实现，生产力也会在这个过程中得以提升，而创业就犹如飞身一跃于"谈判的海洋"。因此，犹太人会从小开始学习谈判的技巧，让自己的人生变得更加丰盈和充实。

### 学习"逻辑"的谈判教育

犹太人会从孩子小时候培养他们的谈判能力。家长在确定给孩子零钱时也一样，什么时候给？给多少？多久给一次？这些都需要谈判。韩国的家长则截然不同，只会凭自己单方面的意志决定给孩子多少零钱，或是反问孩子"跟你一起玩的小伙伴都收到多少零花钱哪"。

犹太人在谈判中最重视"信息和逻辑"。"获得多少信息"以及"是否有与信息相匹配的逻辑"是谈判的生命。所以犹太人常讲,"第一是逻辑,第二还是逻辑"。犹太人还曾作为证券经纪人活跃在历史舞台上,他们为了称职地履行好自己的工作责任,也要合理、不偏袒任何一方地帮助双方交换信息,这也是为什么他们要再三强调信息的重要性。

犹太人在谈判时会完全将个人感情排除在外。他们认为,感情对经济活动毫无帮助,相反,只会在这一活动中给人们带来更多的麻烦,最终使人们无法获得任何利益。在犹太人看来,朋友之间、亲人之间在某些问题上无法顺畅地谈判从而得出结论,都是因为感情用事,这是双方都欠缺谈判能力的表现。人们经常说犹太人的谈判完全是"冷酷的谈判",由此可见他们在经济活动中究竟有多克制个人感情。

但我们也要知道,犹太人即使在谈判的过程中也不会丧失幽默感。他们十分擅长用幽默营造出令人放松的氛围。谈判虽是冷酷的,但氛围可以是轻松的。正如我们所知,犹太人经历过一段十分痛苦的历史,他们克服重重阻碍和困难,凭借着顽强的生命力一步步踏入主流世界。在如此恶劣的生存环境中,为了不让自己身心俱疲,"幽默"是必备良药。他们为了走出令人绝望和艰难的境遇,不断自我肯定、鼓励自己,并且相互扶持,微笑着携手向前。正是因为犹太族的这种民族特性,他们即使在谈判这种激烈的环境中也能保持幽默感。

虽说犹太人会通过谈判来追求自己想要的,但他们也不是永远把谈判放在第一位。正如他们的格言所言:

"成功不在于你了解多少东西,而在于你了解谁。"

也就是说,对于犹太人来讲,人际关系要比知识更重要。他们很擅长找到可以带领自己走向成功的那个人,也会努力和那个人建立良好关系。因为面对逆境，这种相互扶持、相互引导的亲和力能带领他们战胜困难。当我们和某个人关系更近，就意味着更了解对方，就不需要花费过多不必要的时间去确认一些东西。与我们合作的是一个"信得过"的人也成为带我们走向成功的必要条件。

对于孩子的人生来说，谈判也可以被看作一种"胜利的经验"。试想想，如果孩子和朋友们每次谈判都输，孩子的自尊心能不受打击吗？一旦孩子开始觉得"无论怎样大家都不听我的话"，别提谈判能力，他就连最基本的自信心也会消失不见。所以，父母应该不断给孩子灌输谈判的核心点——经常问"为什么"，以此培养孩子说服别人的能力，也不断提升孩子的逻辑能力。习惯问"为什么"的孩子会努力从自己的言行中找到答案，长此以往会有更加客观的思考。

## 和父母一起进行的财商教育实战

○ 让孩子从自己的零花钱开始谈起。父母和孩子之间的谈判并不是为了相互间获得怎样的利益,而是为了听孩子如何合理解释自己所处的状况,家长只要看孩子要的零花钱是否和当下的需求相匹配即可。

○ 父母如果能和身边人形成良好的关系,并且善于沟通,孩子也会学父母的样子。父母一定不能在孩子面前骂人或指责他人。如果和其他人发生摩擦和矛盾,也应该通过谈判来解决问题,而不是在背后对他人指指点点和说坏话,这会对孩子产生很大的负面影响。如果父母经常在背后谈论他人,孩子看在眼里,长大后也会学得像父母一样,在背后对他人品头论足,且毫无问题意识。

# 第五章 从《塔木德》中学到的富人思维

# 概　要

曾有人向世界著名科学家爱因斯坦提问道：

"如果有下辈子，你想做什么？"

爱因斯坦这样回答道：

"想研究《塔木德》看看。"

《塔木德》是人类经验的结晶，也是人类智慧的精髓，更是支撑犹太人在重重苦难中坚持自我身份认同的精神支柱。所以，家长如果能带着孩子一起读、一起讨论《塔木德》，就相当于在和孩子一起学习和吸收犹太人的智慧结晶。

财商教育虽然要由家长引导孩子，但其中的体会和感悟则要靠孩子自己去想，这样才能起到教育的作用。也就是说，家长要培养孩子的自主兴趣。

《塔木德》一书中有很多有趣的故事可以引起孩子的好奇心，家长们可以和孩子一起阅读、讨论，自然而然地就会帮助孩子理解基础的经济常识，也可以让孩子学习到核心经济概念。

## 富人时刻准备着

今日的准备，为了将来

对孩子们来说，他们还不熟悉"准备"的概念。因为父母总是会为他们打点好一切，解决所有问题，他们自然感受不到有什么事是需要提前"准备"的。再加上他们还没有到开始经济活动的年纪，当然不会有"为应对危机需要提前存款"的未雨绸缪意识。但各位家长要清楚，未来规划和危机应对意识是十分重要的，需要让孩子具备。能够成为富人、过上毫无财务危机的生活，是上天送给一直懂得规划未来的人的祝福。

### 父母讲给孩子听的故事

很久以前，有一位心地善良的富人，他给自己的仆人一大笔财产，让他去想去的地方过幸福的生活。于是，这个仆人把所有财产装到船上，去往远方。

没想到的是，仆人在海上走了没多久就遇到风暴，财产随着船只沉入大海，他自己也赤裸着身子漂到附近一个小岛上。虽然他庆幸自己活了下来，但这种激动很快被悲伤所取代，因为他又变得身无分文了。不过，现实情况并不允许他沉浸在悲伤中太久，他不得不在岛上游荡，思考活下去的方法。就在这时，他看到不远处有一个村庄，面对一丝不挂的他，村民们竟然欢呼雀跃着欢迎他，并大喊"国王，万岁！"满脸震惊的仆人在村民的拥簇下来到村子里。就这样，他稀里糊涂地登上王座，开始了富丽堂皇的宫廷生活。但无论怎么想，仆人也想不明白这到底是怎么一回事，这实在太奇怪了。他甚至怀疑自己是不是在做梦，于是他拉来一个人问道：

"这究竟是怎么回事？我明明身无分文，光着身子来到这里，怎么一转眼就变成国王了呢？我实在是无法理解。"

被问话的人如是回答道：

"我们不是真实存在的人，而是鬼魂，只不过看起来和人一样罢了。每年都会有一个人来到这里，我们都在翘首企盼着他的到来。不过您要记得，这里的国王只能做一年，时间一到，我们就会把他赶出去，到时候您可能连吃的东西都找不到。"

已经成为国王的仆人对他表示感谢后，马上陷入了沉思：

"看来我现在就要为一年后做打算了，如果毫无准备就被赶出去，不知道会发生什么可怕的事。"

仆人来到宫殿附近的一个小岛上，那是一片死寂之地，只有沙漠，毫无生机。于是他种下水果和花的种子，开始为自己一年后的生活做准备。一年后，曾成为国王的仆人果真被赶了出来。体验过一年奢侈富贵的生活后，他又回到刚来到岛上的样子——一丝不挂，身无分文。但他并不担心，轻松地来到旁边的小岛。那里不再是一座荒岛，而是百花齐放，果实丰硕，从此，他在那里开始了幸福的生活。

电影《肖申克的救赎》中有一个罪犯是一位老爷爷,他的监狱生活就是做图书馆管理员,对他来说监狱不只是监狱,更像他安居的家。在那里,他的能力被认可,他和其他狱友也相处融洽。他每天的工作就是给狱友办理借书登记,整理图书,偶尔还给大家放个电影看。从他的表情也能看出,他很幸福。直到他即将刑满释放的那天,一向善良的他竟然伤害狱友,只是因为他害怕无法适应外面的社会,希望能通过再次犯罪留在狱中。结果未能如他所愿,他还是离开了监狱。不过恢复了自由身的他,最终选择了自杀来了结自己的生命。

《塔木德》中的仆人和《肖申克的救赎》中的罪犯选择了截然不同的两条路。仆人用充分的计划和准备换来幸福的后半生,而罪犯虽获自由之身,内心却被关入绝望的牢笼。这两位主人公正反映了现实生活中的我们,随时有可能陷入危机。

不过话说回来,为将来做准备也不是一件容易事。因为即使当下我们做出很多努力和准备,其效果也不会马上体现在当下。但家长要提醒孩子,时刻做好准备是过上幸福生活的必备条件。

世界首富巴菲特从小就明确了自己"要为未来做准备"的选择,虽然这个选择会让他很辛苦。他也有赚到钱后想随心所欲花上一把的时候,也会想拿钱去做自己喜欢的事,但他还是把钱花在了为未来做准备的事情上,这也使得他最终成了世界级富豪。

为将来做准备,是父母对儿女财商教育中最为核心的一个主题。

> ### 引爆想法的"打火石"提问
>
> 如果有一天突然身无分文,你会怎么想?
>
> **"打火石"教育**　当下一定会觉得很难受,但一定不要忘记"时刻为将来做准备"的心态。如果在遇到苦难前已经提前做好准备,即使状况再难,也一定能克服的,对吧?
>
> ---
>
> 你为了应对未来可能发生的困难而做过准备吗?
> 如果没有,想一想将来你可能会遇到怎样的困难?
> 为了克服这些困难,你需要怎样做呢?
>
> **"打火石"教育**　所有人都可能会遇到不曾预料过的困难——朋友间的关系、学业问题、家庭问题、健康问题等等。遇到问题时,我们需要能够接受并努力克服它。要知道,一味回避并不能解决问题。每个人的人生都不会永远一帆风顺,只有认识到这一点,你才会知道"提前做好准备"有多重要。

### 培养预测未来的能力

想要为将来做好准备,就要有能够预测未来的能力。只有这样,你才能够在无论未来发生怎样的事,都想出应对办法和解决方案。这种能力不仅对财商教育很重要,对孩子的生活也很重要。如果孩子能经常思考那些虽未发生但未来有可能遇到的问题,就会提升他们的想象力和创造力。

## 讲给孩子听的故事

有一次，一位国王设晚宴招待大臣们，但他没说晚宴的具体时间。于是，聪明的大臣想："既然国王已经说要举办晚宴，不管几点开始，我都要提前做好参加的准备。"于是他马上跑到宫殿正门外，等候国王发令。

但愚笨的大臣则这样想："国王都没说什么时候举办宴会，说明还有大把的时间呢。"于是就真的没有做任何准备。

结果国王一声令下要开晚宴，在门口等待的大臣立刻进入会场顺利参加，愚笨的大臣则因为动作太慢而最终没能入场。

和这个故事相同，有的孩子喜欢提早做准备，有的孩子则是不到最后关头绝对不动。当然，我们不能妄下断言，觉得小时候怎样的孩子长大后也一定会怎样。但父母至少要让孩子明白"准备"的意义，以及"准备"为何对我们来说很重要。

对于还不熟悉"做准备"的孩子来说，有时会感到困惑，"我究竟为什么要提前做好准备呢？"，既不知道做准备的理由也不明白其必要性。但"做准备"的核心，实际上就是"预测能力"。如果不能预测到未来会发生怎样的事，当然也无法做准备。

预测能力和想象力不仅对孩子重要，在他们长大后也会发挥很大作用。试着想想，如果企业家们都没有预测未来的能力，那会变成什么样子？如果职员都没有想好该如何做才能晋升，那会怎么样？结果显而易见。

## 🔍 引爆想法的"打火石"提问

为了得到自己想要的东西,就需要认真做好准备,就像开学之前,你不是也要做各种准备嘛,等你长大能赚钱时也是一样,要做好充分的准备。但你知道这样做有什么好处吗?

**"打火石"教育**

一个人如果没有做好事前准备,通常会觉得心里没底,但如果只是潦草地匆匆准备也许又会不充分。做好准备有一个好处,那就是可以帮助我们养成"预测能力"。如果我们能提前判断或预测将会发生某件事,就能留出充足的时间去做准备。经常思考"会发生什么事"的人总是能更轻松地应对各种情况,即便发生突发事件也不会太被动。

## 富人将信用和约定视为最高价值

**讲价和契约既是信任也是约定**

买东西是讲究"流程"的。虽然我们在超市里买东西无法讨价还价，但如果是买一块地皮或是大批量购买物品，还是需要遵循"流程"的。如果漠视这样的流程，不仅会给他人带去不必要的麻烦，还会让自己吃亏。因此，家长一定要让孩子知道："买卖是有一定流程的。"

下面我想讲一个故事，它不仅和流程相关，还和"讲价"有关系。现在的孩子都不清楚"讲价"的概念，但未来他们如果要做生意或是进行大宗交易时，讲价还是很必要的。

### 讲给孩子听的故事

从前有个地主，他有一大片地，有两个拉比都想买下这块地。拉比甲先找到地主谈好了价格，但没想到几天后他去交钱时发现，地主已经将地卖给了拉比乙。得知此事的拉比甲十分愤怒，急匆匆地找到了拉比乙。

"我问你，如果有一个人想买点心，到糕点店时发现已经有个人在看自己想买的那一份点心了，这时候他再从别人手里抢过来，这么做对吗？"

拉比乙回答道：

"这样做当然不对，横刀夺爱的人是坏人。"

于是，拉比甲又问：

"那这次明明是我先谈好价格，决定买这块地，你这样从我手里抢走，你觉得是正确的吗？"

"嗯，这是一个值得思考的问题。"拉比乙回答道。

于是两人拉来周围的人一起想办法，其中有人对拉比乙提出建议：

"不如你把这块地再卖掉怎么样？"

结果拉比乙马上拒绝道：

"那怎么能行？刚买到手的东西就立刻卖掉，这不吉利。"

又有人出谋划策道：

"那拉比乙把地送给拉比甲如何？"

这次又轮到拉比甲不同意了：

"我怎么能从一个不认识的人手里收下礼物呢？我做不出这样的事。"

最终，拉比乙决定把地捐赠给学校，皆大欢喜。

这个故事的前半部分主要给孩子讲述不公平的交易——交易流程上出现纷争。原本一个人已经谈好价格准备购买，但突然有另外一个人出现抢先买下，这是不正确的行为。孩子需要认识到"严格遵守约定"的重要性，明白谈好价格本身就意味着"双方对这笔交易已经达成共识"。

除此之外，这个故事还告诉孩子另一个道理——无功不受禄。等孩子长大成人后也会明白，"天下没有免费的午餐"。即便你接受的是他人的好意，也难免会欠下"人情债"，成为自己的心理负担。

虽然这个故事的结局皆大欢喜，以捐赠土地而完美落幕，但在实际生活中，家长还是要让孩子明白，交易一定要遵循公平、公开的流程。

### 引爆想法的"打火石"提问

讲价是什么？
究竟什么物品可以讲价？

**"打火石"教育**　土地、建筑物等体量大的物品或服务才可以讲价，对于那些"明码标价"的商品和服务，我们是不能随便和商家谈价格的。

在上面的故事中，拉比甲明明已经和地主谈好价，拉比乙却抢先买下地，这种做法是正确的吗？
如果不正确，理由是什么呢？
在这件事上，做错事的人只是拉比乙吗？
地主是不是也有不对的地方呢？
当我们签订合同或是交易时，应该遵守怎样的程序呢？

**"打火石"教育**　谈拢价格就相当于是约定成立，在这种情况下，横插一脚进来就是不对的。无论是买方还是卖方，都违背了约定。为了防止各种纠纷，签订合同或者买卖物品时都要遵循一定的程序。

所有交易中最基本的事项是什么？

**"打火石"教育**　交易时信任彼此、遵守诺言是十分重要的。如果这一点被打破，就很难将交易继续进行下去，双方也很难再心平气和地面对彼此。

### 世界上最难遵守的约定

人人都该遵守约定,但有时因为各种问题,我们总会找到借口或理由,或是耍些小心眼去避开自己曾许下的诺言。上面的小故事虽具有一定的趣味性,但也不乏对我们生活的影射——遵守约定并不是一件易事。也正是因为这样,我们遵守约定后会感到莫大的满足感和成就感。值得一提的是,所有约定中最难履行的便是和自己的约定,因为它不受其他人的监督,其他人也并不知道。不过为了成长为一个堂堂正正的大人,你一定要坚持到底。

## 讲给孩子听的故事

有个犹太人买了一匹马,结果在回家的路上遇到暴风雨。马儿因为狂风暴雨受惊,说什么也不肯再向前走,无论如何使劲拉它,它还是站在原地不肯动。筋疲力尽的犹太人只好默默向上帝祈祷:

"上帝啊,请让这场暴风雨快快停息吧。如果我的愿望能实现,我一定会把马卖掉,用赚来的钱做善事。"

没想到,他刚结束祈祷,暴风雨真的就停了。为了遵守和上帝之间的约定,他再次返回市场。他左手牵着马,右手拎着一只鸡,旁边一个农夫走过来对他说:

"这只鸡是要卖的吗?"

"没错,不过您必须把这匹马也买下来。"

"加起来一共多少钱呢?"

"这只鸡30块,这匹马5 000块。"

这个故事中的犹太人，说他有智慧呢，也算是有智慧，要说他是在耍小聪明，也绝对没有冤枉他。因为他把马的价格拆分成两部分，一部分用鸡的价格来代替，这样做相当于最大限度地减少了用来做善事的钱。所幸的是他没失约，大体上算是兑现了诺言。看到这里，一定会有人感叹"奸诈狡猾的人心哪"，事实也是如此。当一个人面对危机或处在对自己不利的时刻时，总是愿意付出更大代价来解决问题，一旦摆脱困境，又总会想着如何能尽量降低将要付出的代价。家长要告诉孩子，一言既出，驷马难追，自己曾经许下的诺言就一定要遵守。

## 引爆想法的"打火石"提问

如果你是故事中的犹太人，你会怎么做？
假如犹太人真的只用5 000元去做了善事，结果会怎样？
他这样做后会感到不安吗？
你觉得他这样投机取巧欺骗上帝，以后再有事向上帝祈祷，上帝还会答应他吗？

**"打火石"教育**

"约定"大体可以分为两种。一种是和别人的约定，一种是和自己的约定。想想看，如果你明明答应朋友一件事，结果却没有做到，朋友会怎么想？是不是会觉得没有得到你的重视，会心情不好？也许他以后也不会再跟你约定其他事了。和自己的约定也是同样的道理。虽然失约于自己不会遭受其他人的谴责和非议，但你自己心里会怎么想？不仅会有"我是个讲得出却做不到的孩子"的自责感，长此以往，自尊感也会越来越低。所以，哪怕是为了自己，也一定要做到自己曾经承诺过的事。

## 消费习惯造就富人

**赚钱难，存钱更难**

赚钱不易，存钱更是难上加难。我们总想着节省下来的钱也可以积少成多，但事实却是外界有太多的诱惑，最具代表性的便是广告。面对广告中"方便、美味、高效、便宜、好看"等字眼，别说是小孩子，就连大人都难抵诱惑。小朋友从小耳濡目染，如果不能对广告抱有警戒心，长大成人后很容易陷入过度消费的陷阱中。

### 讲给孩子听的故事

赫歇尔的妻子总是大喊："没钱！又没钱了！"赫歇尔对她说道："我一分钱都没有。"

妻子讽刺道：

"别和我说这种话，我只知道孩子们都要饿死了。"

赫歇尔听到后神情严肃地站起来，厉声对大儿子说：

"你去隔壁邻居家借条鞭子回来。"

听到他这样讲，妻子不由得紧张地颤抖起来，神色慌张地自言自语道：

"老天爷呀，发发慈悲吧，我的丈夫竟然要打我了。"

实际上，她完全误解了赫歇尔。大儿子一回来，赫歇尔就立刻拿着鞭子冲到市场去。他在人群中高举着鞭子大喊道：

"有没有要去列季切夫的？马车票半价啦！"

列季切夫是远处一个村庄，大家听到可以半价过去都觉得很划算，于是，人群瞬间就涌了过来。他让大家先交钱，收好后对儿子说：

"你先回家把钱给妈妈。"

人们跟着他往前走，边走边问：

"马在哪里呀？"

赫歇尔回答：

"大家不用担心，只管跟我走就好。我一定会把大家送到列季切夫的。"

人们都很相信他，于是不再发问，只是跟着他继续走。大家走出很远，依旧没看到马的影子，倒是见到不远处有一座桥。于是人们理所当然地认为"那座桥的附近一定有马"。但走近一瞧，哪里有马？而且他们距离目的地只剩下不到一半的距离了。这时，人们开始愤愤不平起来，但再怎么生气又有什么用呢？再怎么说都无济于事，反正他们都已经走出来很远了。不久之后，大家终于抵达列季切夫，忍无可忍的人们爆发了：

"你这个小偷，快把钱还给我们。竟然敢欺骗我们？"

赫歇尔嗤笑道：

"我骗人？你说说看，我是不是答应把你们送到列季切夫？"

"那也是用马车送呀！让我们自己走过来，这像话吗？"

赫歇尔又反问道：

"我有说过一句要用马车送你们过来的话吗？"

人们被他反问得哑口无言，一时间气得说不出话来。因为他的确没说错，他确实没有说过那样的话。大家再怎么生气，也没处可以发作，于是只好朝他吐一口口水表达自己的愤怒，然后全部走掉了。

赫歇尔回到家中，妻子笑脸相迎，忍不住好奇地问道：

"赫歇尔，我不太明白。明明你只带了一根鞭子出去，你从哪里找到马匹的呀？"

赫歇尔笑着回答：

"不要问这种愚蠢的问题了。我哪里需要什么马？难道你忘了？有鞭子的地方，就有马。"

对于这个故事，我们可以从不同角度来解析。首先，这个故事的确告诉我们，"有好点子的地方就有钱"，单凭一条鞭子就能赚到钱，实属令人惊叹。但如此戏弄他人，就很难称之为一桩正常的买卖。把这个故事解读成"被虚假广告骗到列季切夫的愚蠢人们"反倒更合适。

大家仔细观察电视广告，在听过导购员巧舌如簧的推荐后，任谁都会有种"不买反而亏了"的感觉。明明是一个用不上的商品，但电视广告仿佛给我们施了魔法，让我们在不知不觉间掏出钱包，自愿买单。同样，超市里的买一送一和减价促销也是利用了消费者的这种心理，让人哪怕自己并不需要也会买上几样。但这种因冲动而购买的商品，买到后通常都会让我们感到后悔。

如果我们对于消费不能保持冷静的思考和坚守自己的标准，就很容易卷入营销的旋涡中而不自知，刚赚到手的钱也会在不经意间被花掉。家长可以问问孩子有没有过类似的经历，并帮助孩子树立正确的消费观，养成自己的消费原则。

## 🔍 引爆想法的"打火石"提问

你是不是经常会看到广告上说，某某产品半价出售？
你认为真的会有商家半价出售商品吗？
会不会是商家为了诱导人们购买，一开始就把价格定得虚高，然后再说打折呢？

| "打火石"教育 | 无论面对什么问题，批判性思考是很重要的。这不是说要让我们用否定的态度看待所有事物，而是要看清隐藏在事物背后的真相。我们仔细想想，好好的一件商品怎么会突然降价到一半呢？商家为什么要推出买一送一的促销活动呢？如果我们能把这些问题想清楚，就不会一味地因为降价、促销而买回我们根本不需要的东西了。 |
| --- | --- |

你有没有过这样的经历？
明明一开始完全没有想买某样东西的念头，但看到广告后突然想买？
或者，你有冲动购买的经历吗？

| "打火石"教育 | 以后当你再想买某件东西时，或者宽泛点说，当你想花钱时，先想想你是不是真的需要这个东西？买了会不会后悔？想清楚以后再行动会更好。 |
| --- | --- |

那些被赫歇尔欺骗了的人们会有怎样的想法？
下次还会再受骗吗？
如果你是其中一个人，你会怎么想？

| "打火石"教育 | 其实仔细想想，赫歇尔的话的确没有问题，他只不过是巧妙地用了一些语言技巧来蒙骗大家。我们为了避免被商家的话蒙蔽双眼，一定要有自己的消费标准和原则。 |
| --- | --- |

### 为什么花自己赚来的钱也要心存感激

关于钱，人们总是有几个误解，比如"我的能力强，所以我赚的钱也多""我花我自己赚的钱，和别人有什么关系"。

这些话乍一听并无问题，但如果我们细细琢磨，其实并不然。商家的能力再强，如果消费者不买单，终究还是赚不到钱。同理，无论我们的能力有多强，如果上司和同事不帮助、认可我们，我们的才华也会无法施展。因此，即便我们凭借个人能力赚到了钱，也要时刻不忘感激周围的人和一切。

关于"钱是我自己赚来的，我想怎么花就怎么花"的态度，也需要我们冷静思考。作为社会上的一员、共同体的一部分，我们的钱也要花到更有意义的地方，承担起我们肩负的责任。过度追求奢侈和炫富的行为都是不尊重、不考虑他人的自私行为。

### 💬 讲给孩子听的故事

作为人类的起点，当初亚当究竟干了多少活才换来了面包？

从开垦土地、播种，到翻土、收庄稼，再到将庄稼磨成面粉、发酵面团、烤熟等，至少要经历15个步骤。虽说现在我们只要去面包店付费，就能换来一个美味的面包，但不要忘记我们的前人都是一个人完成所有的步骤。所以无论现在我们能够多便利、快捷地吃到一个面包，都应该时刻带着一颗感激前人的心。

衣服也是一样。亚当历经各种步骤，才最终做出一件衣服遮盖自己的身体——抓羊羔、养羊羔、剪羊毛、加工、剪裁、缝制等，也是付出了相当多的努力才换来一件衣服。但我们现在只要带着钱去服装店，就都能买得到各式各样的衣服。所以我们穿衣服的时候也应该对前人怀着感恩之心。

人类是无法独居的动物。有些事虽然看起来好像是我们凭借一己之力做到的，但实际上背后都蕴含着无数人的功劳。一个面包、一件衣服，虽然用钱就能换来，但就像刚才讲到的，一道道制作工艺和流程都没有我们想象的那么简单。我们应该清楚的是，虽然钱是我们自己赚来的，但我们走的每一步都和许许多多的人有紧密的联系，我们要常怀感激之心，如果没有"背后的他们"，我们也无法赚到这么多钱，更没法花钱。如果孩子能明白这一点，面对钱财时会更加谦逊，也会懂得多帮助身边的人，成长为一个善良、优秀的大人。

犹太人在评判他人时有三个标准，用犹太语来讲就是"ciso（钱包）"，"coso（酒杯）"和"caso（愤怒）"，钱包不仅仅代表一个人富有与否，还指一个人如何花钱。酒呢，如果饮酒适量，可以帮助我们维护良好的人际关系，但饮酒过量就会带来麻烦。愤怒也是如此，如果能适当表达自己的态度，也许能帮助我们进一步成长，但如果无法控制自己愤怒的情绪，会给他人和自身都带来伤害。

提到钱，我们通常会想到的是"赚到多少钱""花掉多少钱"，很少会想到钱其实也可以帮我们修身养性，提高自己的德行，这一点不应该被我们遗忘。

> ### 🔍 引爆想法的"打火石"提问
>
> 钱是我赚的,我是不是就可以随心所欲地花掉它了?
> 我们自己赚到的钱,真的完全是靠我们自己吗?
>
> **"打火石"教育** 仔细想想,我们的工作其实都是在"为他人服务",平时在公司里努力工作,月底拿一份属于自己的工资,这些工作都是为谁而做的呢?不是我们自己,而是所有的消费者。我们需要提供各种服务,满足消费者吃、穿、用的需求,我们的工资也是这样来的。想要赚钱,我们就要生产消费者需要的产品,而非我们自己需要的。到头来,我们为了生存,需要有他人的存在,只有被人需要,我们的存在才变得更加有意义。简单来说,"我"就是在与他人的相互关系中彼此帮助,同时也获得商机。因此,我们赚到钱也要不忘感谢其他人,赚到钱也不应该随心所欲地花,也要想着如何为了他人和这个社会做出贡献。

## 宣传与夸张广告之间的界限

我们在生活中总会与"宣传"和"广告"交锋。所谓"宣传",不仅仅是商家卖产品时会用到,我们去一家公司面试、向人力推荐自己也是一种"宣传",在社会生活中向别人介绍自己也是一样。因此,宣传对于营销来讲至关重要,尤其在产品和服务都呈井喷式增长的当今社会,一个企业想要生存下来,广告宣传策略是必需的。但这里还存在一个问题,便是夸张广告和虚假广告。这种广告虽然看起来诱惑力极强,也许会在短时间内吸引大量消费者的目光,甚至促成转化、提升销量,但从长远角度来看,这种广告最终只会让消费者对企业丧失信心和信任。

## 💬 讲给孩子听的故事

从前,有一个德国籍犹太人牵着一头瘦弱的牛,想要在市场上卖掉,售价不过 100 英镑,不过还是没人肯买它。看到此景,旁边一个波兰籍犹太人带着同情的目光和他说道:

"哪有你这样做生意的?我来帮你吧。"

紧接着,他开始大声吆喝起来:

"卖牛啦,卖牛啦,大家都过来看看啊!不用饲料,容易养活的奶牛咯。产奶量这么大的一头牛,只卖 400 英镑。"

听到他这么说,周围瞬间人满为患,大家纷纷挤上前来要买这头牛。奶牛的主人见此状大吃一惊,迅速挤入人群中,牵起牛绳说道:

"开什么玩笑,这么优良的一头牛竟然只卖 400 英镑?这是我的牛,我不卖了。"

波兰籍犹太人利用虚假广告瞬间获得消费者的青睐,这也惊呆了德国籍犹太人。但这位德国籍犹太人的做法实属令人意外,原本 100 英镑都卖不出去的牛,现在能卖到 400 英镑,他怎么反倒不肯卖了呢?

首先,可能突如其来的反转让他的脑子一时间转不过弯来。也有可能是他清楚这些宣传信息都不真实,心想与其欺骗消费者,还不如不做这桩生意,可以认为他很看重消费者的信任。不过还有第二种可能——他自己也被这则虚假广告骗得团团转,以为他的牛真的值这个价钱,心里起了贪念,于是不想卖给别人。试想,如果这次他真的利用假广告卖出了这头牛,以后他还能来市场卖东西吗?所幸的是,这笔交易最终并未能实现,也阻止了他做出不道德之事。

## 🔍 引爆想法的"打火石"提问

你能说一说波兰籍犹太人的行为有哪些优点或缺点吗?

**"打火石"教育**　虽然他能做到让原来 100 英镑都卖不出的牛瞬间涨到 400 英镑的高价,但广告的谎言会欺骗消费者,这种做法绝不是促成健康交易的好对策。

像德国籍犹太人那样不做任何宣传,就是正确的做法了吗?

**"打火石"教育**　当然不是。虽然不该像波兰籍犹太人那么过分,但做生意还是要有最起码的宣传。如果太不擅长宣传,很有可能导致产销不平衡,最终结果就是入不敷出。

夸大宣传和虚假宣传的差别究竟是什么?

**"打火石"教育**　夸大宣传是把产品优势和功效放大,多少有些吹嘘的成分。但虚假宣传则内含谎言,掺杂许多与事实不符的信息。从这点来看,虚假宣传是绝对不可以的,夸大宣传是需要避免的。二者之间有一条界线,考虑到宣传这件事本身的性质,适当夸大无可厚非,但如果没能把握好分寸,就会成为虚假宣传。所以,在做宣传时需要考虑,传达的信息是否能被大众所接受,还是说大家一听就会说"哎哟,这完全是骗人的嘛"。

## 高效工作才能成为富人

努力工作，长时间工作，就一定是最好的吗？

努力工作和长时间工作，每次提到这两种工作方式，大家都会给予肯定，所有人都理所当然地认为，工作当然是要全情投入，长时间工作一定也会换来更多的报酬，这不都是能让一个人快速成功的方法吗？倡导这种价值观无可非议，但这种想法也并不绝对正确。我们还是要注重效率，要思考如何又快又好地办成一件事。如果一个已经步入职场很久的人，做一件事还要花费很长时间，这说明他没有具备完善的工作思路和体系。高效的工作体系能让我们在赚钱这件事上"事半功倍"，还能富余出更多时间做想做的事。

### 讲给孩子听的故事

从前，有一位葡萄庄园的主人，因为喜欢到处去旅行，于是把庄园交给自己的弟弟打理，只是每年回来看一次。

有一天，主人结束了一段长途旅行回到庄园中，弟弟对他说："哥，这次旅行玩得开心吗？"

"幸好有你，我才能放心出去玩，今年的收成看起来也不错呀。"

兄弟俩边聊天边在园地里散步。这期间，哥哥还偶尔对干活的农夫说上几句鼓励的话。正在这时，庄园主人突然看到一个农夫干活极为麻利，他说道：

"那个人干活好快呀，他的工作量看起来是其他人的几倍。"

"是呀，这个人上个月才来咱们这边，没想到干活又快又好，没出过什么问题。"

听到弟弟这样说，庄园主人又静静地观察了一会那位农夫，心想道："他干活还真是又快又细致。"

"不行，你把他叫过来一下。"农场主人说道。

弟弟不解地问："怎么了？"

"我有话和他说，叫他过来吧。"

"好的，哥哥。"

农夫来到他面前，拍了拍身上的土，整理了有些凌乱的头发，然后才恭敬地说道：

"主人，您叫我了吗？"

庄园主人有些吃惊地问道："你应该是第一次见到我吧，你怎么知道我是这里的主人？"

"感觉吧，看到您，我就猜是这里的主人了。"

"哈哈，快请坐。"

"不了，我站在这边就好。"

"别客气，过来喝点东西。"

"那好吧，谢谢您。"

于是，两个人一边喝着饮料一边畅聊，农夫和主人分享了许多人生趣事，又谈了许多对葡萄园的看法，不知不觉间，天色渐渐暗了下来。又过了一会，农夫看见窗外的天色，大吃一惊地说道：

"哎哟，光顾着和您聊天，都没注意时间，我得赶快回农场了。"

"还真是，我也要过去，咱们一起吧。"

两人回到庄园时，当天的工作已基本结束，其他农夫已经在一旁排队等着领工钱，和农场主聊天的农夫见状也走到队尾开始排队。其实早在被叫去聊天前，他已经做完自己的工作，所以他心想哪怕工钱少一点也没关系，有多少算多少。没想到的是，主人竟然给了他一整天的工资，结果其他农夫开始抗议。

"主人，您这样做，不公平吧？"

"就是，他一整天不见踪影，凭什么给他全天的钱？请您公平地对待我们。"

"说得对，凭什么给他那么多钱？"

庄园主人见状说道：

"请大家听我说，我不看重大家工作的时间有多久，只关心做了多少工作。这个人虽然只工作了半天，但他完成的工作量却比你们一天的还多，所以我才会给他一整天的工钱。如果你们要公平对待，那他应该拿比你们更多的钱。这些道理相信大家也都懂，不是吗？"

听到主人的话，农夫们都沉默了。

所谓高效，指的是用同样的时间、同样的努力，换来相对更多的成果，这会帮助我们找到人生的捷径。无论是学习、工作还是创业，这个道理都同样适用。要记住，高效做事会更容易被上司看到，升职、加薪也会更顺畅。

我也要在这里再次强调，"高效"并不仅是一个人的事。实际上，这个世界上的所有事都需要"协作"。只有通过智慧的方法齐心协力，才会更加提升效率。但令人感到遗憾的是，我们的孩子大多在学生时代没能养成合作意识，因为我们的教育不像犹太人那样倡导以讨论为主的学习方式，而是探寻独自解决问题的方法。因此，家长们需要告诉孩子"团结协作可以提升效率"。

通过上面的小故事，我们不仅可以看到"工作的效率"，甚至还可以深入讨论"人生的效率"。年轻时，人们都会在公司里工作，但没有谁会一辈子都在公司里工作。重要的是如何利用在职场的这段时间，积累工作经验，攒下种子基金，开发出属于自己的"赚钱体系"。接下来想旅行也好，创业也罢，去寻找属于自己的人生。这里提到的"赚钱体系"就是提升人生效率的制胜法宝。

对于小朋友来说，他们很有可能还没能感知到这些事，但唯有早些树立目标，才能先人一步，为自己的人生做好充足准备。毫无目标只知道赚固定工资的人，和能够清楚捋出"赚钱体系"的人相比，当然是后者的未来更加光明。

---

### 引爆想法的"打火石"提问

庄园主人为什么叫来那个干活麻利的农夫一起喝饮料呢？

**"打火石"教育**

当然是因为看到他干活又快又好，就想听听他的故事啦。主人看到他如此擅长这份工作，猜想他也许会对庄园有改善建议。由此看来，工作效率高的人更容易被其他人看到，他也有可能会获得更好的工作机会。无论学习还是工作，我们都应该讲究"效率"。因为在同样的时间里，在同样的努力程度下，如果你能做更多的事，就意味着你能比其他人得到更多的东西。

### 原则和死板之间

给别人打工和自己当老板最大的差别就是"稳定性"。对于上班族来说，只要公司不倒闭，他们大概率是不会突然丢掉工作的，所以他们的生活也是相对安稳的。做生意或者创业虽然能赚更多钱，但需要面对的风险也更大。但我们不能因为有潜在的风险就软弱退缩。面对危机，最强大的武器便是"应变能力"。拓展思路，以不变应万变，也许能化危机为机遇，获得更大的"稳定"。

### 💬 讲给孩子听的故事

教会的拉比有一天数了数捐款箱里的现金：

"果然是积少成多啊，没想到这里面已经有这么多钱了。我该怎么花呢？"

拉比左思右想，最后决定去买钻石，回来装点教堂。

在打听了不少人之后，他去到一家钻石店。那里恰好有一颗世上绝无仅有的钻石，价值 3 000 两黄金，于是拉比带着 3 000 两黄金走进店铺。

"您好。"

看店铺的是一个年轻人，他恭恭敬敬地向拉比问好。

"你好，听说这里有一颗价值连城的钻石，我想买下它，这是 3 000 两黄金。"

"请问您买钻石用来做什么呀？"

"我想装点一下教堂。"

"那您可算是来对了。我们家钻石个个都是顶级绝品，您还真是有眼光，请您在这边稍等一下。"

年轻人开心地走进里面的房间，准备拿出那颗钻石。嗯？怎么回事？保险柜的钥匙怎么不见了？他的心突然紧张得怦怦直跳，就在这时，他听到了父亲的鼾声，这才放下心来。

"啊，原来是父亲拿走了。"

他突然记起，父亲习惯睡觉时把保险柜的钥匙放在枕头下。他悄悄打开父亲的房门，看到父亲睡得十分安详。他不忍心叫醒熟睡的父亲，于是退出来和拉比说：

"实在抱歉，我现在不能卖那颗钻石给您了。"

"是出什么问题了吗？"

"不是，是因为保险柜的钥匙在我父亲的枕头下面，而我父亲还在睡觉。"

拉比听到后大吃一惊：

"你现在可是有机会能一下子赚 3 000 两呀，你就不怕我去其他地方买吗？"

"实在是不好意思，但我也不能去打扰父亲睡觉。对我来说，3 000 两当然很重要，但父亲的良好睡眠更重要。"

从这个故事中，我们能看到什么呢？究竟是应该赞扬年轻人宁可错失一次赚钱的机会也不肯打扰熟睡父亲的孝心，还是应该痛惜他的不懂变通呢？他的这份孝心固然值得称赞，但很难赞同他这种做法所带来的结果。这个故事里的父亲只是在睡觉，不会因为儿子吵醒他就危及生命，所以他的做法只能说不懂得变通，甚至有些固执。

《塔木德》中大部分故事都具有比喻性，如果把这个故事中儿子的孝心比喻成"原则"，我们就很好理解了。无论是在生活中还是工作中，

"原则"都很重要，一旦被打破，后面想要守住底线就会更难。当然，开展事业不能只遵循原则，赚钱的方法有成千上万种，我们要学会应变，面对不同境遇采取不同的应对方法，如果只是墨守成规，很有可能会错失良机。所谓"创造力"，就是打破固有模式，完全从中脱离出来，否则只会永远在一个旋涡中不断徘徊。再回到刚才的故事里，"孝心"虽然是很重要的原则之一，但在这种情况下还是不要固执己见为妙。

这个故事还可以从另一个角度去解读。拉比想要买的这个钻石是这座城市里绝无仅有的那一颗，他不可能去其他地方买到。所以，即使他今天不买，日后也一定会再来。也许年轻人正是看准这一点，才敢如此笃定地拒绝他。从这个角度来看，这个故事想表达的也许是一种"核心竞争力"，当我具备了极强的竞争力和优势时，无论在哪里都会成为赢家。

## 引爆想法的"打火石"提问

如果你是故事中的年轻人，你会怎么做呢？
是叫醒爸爸？
还是和他一样回复拉比呢？
你这样做的理由是什么呀？

**"打火石"教育** 　年轻人的孝心值得我们所有人肯定，但面对一些状况也要学会变通，要有应变能力。有顾客想买你家东西，但你却不肯卖，这简直太傻了。觉可以一会再睡，但机会错过就不会再有了。仅仅因为父亲在睡觉就不卖钻石，这个行为实在有些过于死板。

如果因为叫醒熟睡的父亲而感到抱歉,是不是也可以用赚来的3 000两黄金为父亲做更多的事,去践行孝道呢?

你能想到的方法有哪些?

**"打火石"教育**　　可以给父亲买好看的衣服、买好吃的东西,还可以给父亲这笔钱,让父亲想怎样花就怎样花,这些方法都会让父亲感到开心。

但话说回来,年轻人手中的钻石举世无双,他也充分认识到这一点,才有拉比一定会再来找他的自信。这颗钻石对他来说至关重要,也就是我们所说的"竞争力",如果能拥有其他人无法拥有的专属于自己的特长或是能力,往往可以得到更多机会。

## 了解经济动向才能成为富人

商人的利益 VS. 消费者的利益

当孩子在脑海中形成经济观念时,"同样的东西要去更便宜的地方买"的概念自然也会形成,买生活中需要经常用到的东西时,也会固定去一家最便宜的地方买。但孩子们对于"更便宜"这件事本身也许认识还不够深,他们也不清楚究竟为何会有价格差异,即"价格竞争"。价格竞争是一种非常重要的交易行为,甚至有时会被人解读为"不当交易"。究竟降低价格卖货为何会变成"不当交易"呢?《塔木德》给出的解释是——消费者利益。

### 讲给孩子听的故事

之前曾有个商人来找我愤愤不平地控诉道,他家店铺附近新开了一家店,卖的产品和他家一样,但价格要低得多,于是客人都被抢走了。当时我虽然知道《塔木德》中记载了很多关于恶意竞争的故事,但不曾看过也就无法发表见解。直到后来有段时间日子过得十分清闲,我花了整整一周的时间仔细研究了《塔木德》，才看到这样的一段话。

虽然在别人家门口开店，用更低的价钱卖同样的东西是不正确的行为，但我们假设有两家店距离很近，卖的产品也相同，但其中一家店在商品上粘着一个赠品，比如爆米花。虽然不是什么昂贵的东西，但小孩子都很爱吃爆米花，就可能拉着父母来这家店买东西。在《塔木德》中，有的拉比认为低价出售意味着给消费者带去更多利益，是正确的行为；有的拉比觉得为了吸引消费者就降价或附赠赠品是不对的。总之，大多数拉比还是认为，降价不一定代表着交易有失公平，因为消费者会受益。后来再碰到那位商人，我这样告诉他：

"盗窃肯定是违法的，但低价卖产品是正当行为。"

在自由竞争的原则下，如果能让消费者获益，也是一件值得提倡的事。

让我们分析一下上面的故事。首先思考"在别人家门口开店，用更低的价钱卖同样的东西是不正确的行为"这句话，以"卖同样的商品"为目的来抢占其他人的市场自然有些不厚道，但如果从"竞争"的角度来看，也不完全是这样。例如，有一家公司专门生产并销售智能手机，如果其他公司再做同样的事就算不正当的行为吗？当然不是。因为资本主义社会允许一定程度的竞争。不过，侵犯专利权就是另一回事了，因为那代表着剽窃了他人的创意。

另外，这个故事中提到的"卖东西附赠赠品"和"便宜卖出"也应该算是正常的经济行为，这些都是"营销手段"。虽说我们现在见到的诸如"降价销售""附加赠品"等营销方式都是被人肯定的，但在数千年前，在交易还相对封闭和传统的年代，这些手段是绝对不会被人接受的。之所以现在看上面故事中的交易方式并无不妥,是因为我们考虑到了"消费者利益",也就是大家在"商家的利益和消费者的利益究竟哪个更重要"的课题中,还是选择了后者。如果商人们都能齐心协力保证绝对不降低价格,消费者也不会像现在一般获得各种利益。

这个故事有一个前提,也是当今社会人们都达成的共识——各种交易都是为了满足消费者的需求,所有的生意都应该朝着让消费者更好获利的方向去展开。这是在财商教育中非常重要的一个部分。

---

### 引爆想法的"打火石"提问

商品低价卖出,或附带赠品卖出,为什么不能算不当交易呢?

**"打火石"教育** 因为这样做可以让消费者少花钱,或者用同样的价格得到一个小赠品,对他们更有利。能想清楚"消费者利益"的重要性,就能明白这一点。

---

如果是商人们私下商量好,咬紧牙关都不降价,这算是不良交易吗?为什么?

**"打火石"教育** 如果真的这样,消费者们也没办法,不过"消费者利益"一定会受到损害。最近也有商家"暗中勾结",商量出不少团体对抗消费者的对策,因此也受到了处罚。所以,做生意时要以消费者利益为先,各企业串通后抬高价格的行为是不可取的。

> 有赠品的商品就一定是好的吗?
>
> 不久前,某知名快餐店推出一款"特别套餐",有玩具作为赠品。但有免费拿的赠品就一定是好事吗?
>
> **"打火石"教育** 对消费者来说也不一定是件好事。因为有时商家会把赠品的金额算入整体商品的价格中。好比卖电视的公司会给自家商品打广告,广告费就需要均摊到每一台电视的成本上。同样两个产品,没打广告的产品只卖 1000 元,但打广告的产品就要卖到 1100 元。公司经营运转所做的一切都是为了最终受益,所以只能把广告费计入产品价格中。考虑到这一点,我们应该清楚,不是所有带赠品的产品都对我们有利,要做好辨别。

## 从生产者到消费者

想要深刻理解经济,就要清楚"流通"的含义。实际上,流通在经济中担任着十分重要的角色。如果没有流通,货品再优质,价格再便宜,也没有任何用处。特别值得强调的是,明白批发商和零售商的差别,对经济生活也有很大帮助。现如今,网购虽已十分发达,但整体也要在批发—零售的机制内运行。搞清楚流通,就能明白"生产者(供应商)—批发商—零售商—消费者"的关联,也就能认识到整体市场流动性,不仅如此,还会对批发商及零售商之间的赊销概念有所理解。

### 💬 讲给孩子听的故事

从前有一个做布匹生意的零售商,他从很远的一家批发商那里进了一批货,但他不想支付给对方180马克,觉得对方价格要得过高,于是四处躲藏。批发商派手下的人去收款,但多次被零售商躲开。后来他又多次寄信给零售商,却迟迟没有收到回信。批发商实在没辙,只好问他手下的员工:

"他们总是不给钱,这可如何是好?"

这时,一个刚入职不久的员工回答道:

"我倒是有一个好主意。您可以给他寄一份催款函,看看他是什么态度。"

听到员工的建议,批发商给零售商发了一封催款函。果不其然,他很快就收到回信,信里写道:

"你提出的价格实在是太荒唐,这么一点货物竟然要我180马克?我清楚地告诉你,我只给你120马克,钱已经放在信封里。如果你再提出无理要求,休怪我去法庭告你。"

批发商从生产者那里大量购买物品,再转卖给零售商。这样一来,生产商可以一次性卖出大宗商品,回收资金,无论是对库存管理还是对资金回流都有很大帮助。

批发商以更加低廉的价格购买到的商品,再转卖给零售商,实际上消费者最终买到的商品就是从零售商那边得来的。也正是因为零售商并不能像批发商那样拥有雄厚的资金实力,才无法直接从生产厂家那边进货。

现如今,流通渠道和方式愈发多样。有的小规模生产厂商根本不需要通过批发商和零售商在中间作为媒介,就可以直接给消费者售卖商品。还有些消费者经济状况很好,为了以更低廉的价格拿到商品,可以直接从批发商购买。

批发商和零售商之间也会存在赊销的情况——零售商先从批发商手里拿货但不结款,等到卖给消费者后再回过头来给钱。不过这也会导致一些问题，比如上面讲的故事，有些人得到货品后耍赖不结账，批发商就会迟迟收不到账款。

不过这个故事中有趣的地方在于这张"催款函"，虽然批发商不应该抬高价格收取货款，但他用催款函的形式解决了零售商迟迟不付款的问题，捍卫了自己的权利。零售商收到这张催款函后之所以快速还款，也是因为考虑到"现在不交钱也许我还要损失更多"，他深知一旦被告上法庭，他的赔偿金也许就不止 60 马克的差价了，于是才立刻归还欠款。

### 🔍 引爆想法的"打火石"提问

故事里的零售商为什么不给钱，而且还要躲着批发商呢？
当下看也许是他赚到了，但从长远角度来看，这么做真的对他有利吗？

| **"打火石"教育** | 和他人交易时，我们应该把信用和正直放在第一位。有些时候乍一看好像是我们占了便宜，但如果抛弃了正直和信用，从长远角度来看，我们就要承受更大的损失。 |
| --- | --- |

为什么有些批发商没拿到钱就肯把货物拿给零售商呢？
这种交易方式叫"赊销"，是有什么特别的理由吗？

| **"打火石"教育** | 当付款人因为经济问题而无法一次性付清货款时，用自己的信用作为担保，商家允许其不付款先拿走商品，这就叫"赊销"。不过这种方式需要以彼此的信任为基础，没有相互间的信赖就无法实现。实际上，交易并不单纯只是一种买卖行为，也要以人与人之间的信任和人际关系作为保证，才能够顺畅进行。 |
| --- | --- |

> 为什么之前东躲西藏的零售商突然间愿意把货款付给批发商了呢？
> 当他收到催款函时，他会有什么想法？
>
> **"打火石"教育** 他会觉得事情似乎变得有些不妙，所以他才愿意马上支付120马克，只求批发商不要再发酵这件事就好。

> 一直欠别人钱不还，对方会怎么想？
>
> **"打火石"教育** 如果欠他人钱不还，会给对方的经济状况带来影响。所以借钱就应该按照规定时间还钱，否则不仅会影响我们的信誉，还会给对方带来麻烦。如果是交易过程中出现拖欠资金不还，未来很可能没人再愿意与我们打交道。

## 银行教会我们

平时在路边，各种商铺、饭店、超市随处可见，孩子最熟悉的场所大概就是和父母一起去过的便利店或是餐厅了。特别是超市和便利店，因为孩子自己也会经常去买好吃的零食，所以最为熟悉。对他们来说，最陌生的地方大概就是银行了吧，因为直到需要开设银行账户的那天为止，从来没有什么事需要他们自己走进银行去办理。

但银行在我们的生活中扮演着十分重要的角色，家长有必要让孩子熟悉和了解银行，让他们知道，不仅是转账和汇款，办理贷款和购买债券等各种金融活动都需要通过银行进行。

## 💬 讲给孩子听的故事

为了维持生计，村子里的拉比甲决定去城市里卖炒海鲜，他的妻子每天在家制作好，他负责用板车运到城里卖。他把摊位地点选在一个银行的对面，每天都会在固定的时间去那里。有一天，隔壁村的拉比乙来摊位找他：

"我的老伙计，生意怎么样呀？"

"就那样，凑合着卖呗。"

"有个事想问你，能借给我5卢布吗？"

说实在的，他真的很想借给这位老朋友，因为两人关系的确不错。但话说回来，他目前自身的经济状况已经自顾不暇，他想来想去只能拒绝朋友的请求：

"你看到对面的银行了吗？自打在这里做生意，我就已经和银行协商好了。银行只要不卖海鲜，我就一定不会借钱给别人。"

这个故事主要告诉我们两件事。一是拉比如何巧妙地回绝朋友的拜托，二是阐明银行的作用和职责。

在对孩子展开财商教育时，最基础的一项就是让孩子知道银行有借款和还款的功能。大人也是一样，总会有借别人钱的时候，也会有向银行申请贷款的时候，这些都是孩子长大成人后会经历到的事。但如果孩子不清楚这种经济关系，则可能会遇到借给别人钱后拿不回来的委屈事。特别是如果这种事发生在要好的朋友身上，小孩子会更加伤心。因此，家长要好好教育孩子关于借钱和还钱的事。

在这个故事中，拉比乙想要向卖海鲜的拉比甲借5卢布，但拉比甲考虑到自身的窘境，如果再借给别人钱，简直就是雪上加霜，所以没有借给拉比乙。这个内容是在告诉孩子，借钱给他人不是问题，但要首先判断好自己的经济水平和承担能力。

通过这个故事，家长可以试着给孩子介绍银行的用途——它不仅可以帮忙保管钱财，还能借给人们钱，也可以提供各种理财产品。要知道，能够高效利用银行的人和不会这样做的人之间会有很大差距。所以我建议各位家长还是要尽可能带孩子去一次银行，让孩子切身感受银行发挥的作用，通过现场讲解让孩子明白"钱如何生钱"。

在正常认知中，想要赚钱，就需要提供产品或是服务给他人，或是通过付出劳动力来换取。家长可以给孩子详细解释，银行是一个很特别的地方，它通过借给别人钱来赚钱，也就是通过利息获取收益，或者也可以理解为"向银行借钱需要缴纳使用费"。

## 引爆想法的"打火石"提问

朋友向你借过钱吗？
当时你是什么样的心情呢？

**"打火石"教育**

如果我的经济条件还算宽裕，当然可以借给朋友一些，但如果我自己也很缺钱，就不应该再勉强借给朋友钱。与此同时，我也要尽可能少和朋友借钱。借来的钱还不知什么时候能还上，与其欠下债款，还不如节省些花钱。

如果孩子长大成人后需要创业，借钱会变成家常便饭。因为初创一家公司一定会在各种地方用钱，接受注资也好，向银行借钱也罢，总之需要大量资金。银行也是需要靠放贷收取利息来获利，所以只要是符合银行审核条件的情况，银行也很乐意借给大家钱。不过归根结底，欠别人的钱迟早还是要还的，所以我们应该节省开销，借来的钱及时还。

银行的赚钱方法与公司、商店并不相同。餐馆通过出售食物来赚钱，超市依靠售卖泡面和饮料等商品赚钱，但银行的赚钱方式与众不同——它依靠的是帮助别人保管资金或借给他人钱来赚钱。在银行里，我们既可以获得最专业的金融业务咨询，也可以了解到优秀的金融产品。如果有客户能在银行储蓄大量存款，负责对接这位客户的银行员工也会得到相应的业绩激励，这种客户就是银行所谓的"VIP客户"。如果你能够成为"VIP客户"，银行也会在理财和投资方面给予你更多分析和咨询。

## 良好的人际关系带来财富

### 人际网的重要性

人为什么要交朋友呢？并不只是因为在面对困难时需要有人帮助，人生在世也需要相互扶持着走下去。人与人相处难免遭遇背叛和辜负，但大大小小的帮助和嘘寒问暖的确也给予我们很大力量。就连心智尚未成熟的孩童也知道，遇到困难或有烦心事时，可以找自己的小伙伴说一说，听听他们的意见。但也要注意，无论关系有多亲密，彼此也要保持相对合理的距离。即便关系很普通，该出手相助时，大部分人也不会熟视无睹。

如果能以更加开放的心态和视角去看待人际关系，我们就一定会过上更加幸福的生活。

### 💬 讲给孩子听的故事

从前有一个国王，有一天突然下令叫一名大臣入宫。大臣不知国王为何这么做，十分担心是不是自己做错了什么事。于是他想拜托三个朋友陪他一同进宫，为自己壮胆。不过这三个人说是他的朋友，其实也不尽然。第一个人是和他关系非常要好的朋友，第二个人只是平时走动比较频繁，第三个人更是只能称得上关系一般。

大臣先去找了第一个关系最好的朋友，说出了他的请求，但没想到的是，最值得他信任的第一个朋友竟然十分冷漠地拒绝了他的请求。

第二个朋友则这样说："陪你去可以，但我只能陪你走到王宫大门口。"

心灰意冷的大臣最后找到第三个人，没想到原本让他不抱任何希望的朋友竟给出一个令人吃惊的答案：

"好，我陪你。你什么都没做错，所以不用担心，我愿意陪你一同入宫。"

第一个朋友究竟为何会拒绝他的请求，我们无从得知。不过这个故事重点想要告诉我们的是："即便是关系十分要好的朋友，也有可能拒绝向我们伸出援手，而且这种事如果真的发生，我们也要学会平静地接受它。"这句话听起来似乎有些无情，但确实是中肯的建议。成年人的世界是如此，小孩子的世界也不例外。为了保护他们，让他们即使有一天面对类似的事也不会感到过于伤心，家长应该早早告诉孩子人际关系的真相，做好相关的财商教育。当然，生活中不只有第一种情况，我们有时也会遇到故事中"第三个朋友"的情况，收获意料之外的帮助。这也从侧面说明，平时多拓宽人际关系网有多么重要。

实际上，"共同体"就是无数个"我"。犹太人之所以能将"共同体"意识深刻烙印在骨子里，也是因为他们在对待他人时，总会以另一个"我"为前提。就这样，每一个犹太人都将彼此看作另一个"我"，凝聚力不断变强,自然而然会形成真正的"共同体"。成年人的人际关系有时也会转化为经济关系。如果能看到这一点,父母就会明白指导孩子建立正确、广泛的人际关系网有多么重要。

"帮助他人也是一种投资",这也是十分重要的观点。单纯想要帮助他人的心当然值得鼓励,但从客观上来看,无论是否出于我们的主观意愿,受到我们帮助的人一定会产生想要回馈我们的想法。从这个角度来看,帮助他人也算是一种投资,即便我们做出善意举动并不是有所图,但这种投资也的确是事实。不抱私心地去帮助他人,最后得到意料之外的回报,也是一件令人开心的事。家长要让孩子清楚帮助他人的初心,绝对不可带有功利心。

关于乐于助人这件事,如果父母能从现实角度和逻辑出发,帮助孩子分析和解释,就可以进一步夯实孩子对于经济概念的理解。

---

### 🔍 引爆想法的"打火石"提问

"朋友关系"是什么含义?
你曾经被朋友拒绝过吗?
如果有,当时是怎样的心情呢?

**"打火石"教育**　　被朋友拒绝肯定会有点伤心,不过也不要埋怨和记恨朋友。即便是关系再要好的朋友,也可能有我们不清楚的隐情,人家拒绝我们也很正常。我们要明白,朋友也没有义务一定要帮助我们,虽然能被朋友帮助是一件值得感谢的事,但要记住,这绝对不是朋友间的义务。

> 有人来帮助你，你会有什么感想？
> 尤其是一个平时关系并不是很亲密的朋友。
>
> **"打火石"教育** 当然，首先是要感谢这位朋友，其次会想日后如果这个朋友遇到什么困难，我也一定会向他伸出援手。当下对他人的帮助，实质上是日后他人反过来帮助我的一种投资，虽说不应该带有目的性地去帮助别人，但从结果来看，的确是会收到回报的。
>
> 你曾经为交朋友做过什么努力吗？
>
> **"打火石"教育** 挚友也好，普通朋友也好，努力扩展自己的人脉总归是一件好事。认识的人越多，说不定在哪一天，朋友就会帮助到自己。

### 借钱给别人时的心态

朋友间相互借钱、还钱，一来一往会产生感情的互动，家长可以试着与孩子聊一聊这件事。个人间的借钱与生意场上的借钱并不相同，它取决于两人间的关系以及亲密程度。如果借钱给朋友后，对方迟迟不还，我们会感到受伤，甚至会对朋友发火。同样，借钱的一方也有苦说不出，因为开口借钱本身就是一件让人感到不好意思的事。

### 💬 讲给孩子听的故事

性格老实的鲁宾向他的朋友西蒙借钱，西蒙毫不犹豫地说道："我原本打算拿这个钱作为礼物送给我家孩子的，你拿去花吧，不用还了。"

鲁宾听到他这样说，羞愧地涨红了脸，从此以后再也没提过借钱的事。

鲁宾是一个正直老实的人，向别人借钱他一定会还。但让他感到意外的是，西蒙竟然没有要求他还，还说这是给孩子的"礼物"。

鲁宾听到他这样说，为什么会感到羞耻？也许他会想："西蒙难道信不过我？""我很清楚自己是有借必还的人，所以才会开口借钱。但你却信不过我，还像送礼物一样，告诉我'你拿去花吧'。"从这个角度来看，西蒙的态度也有些问题。所以从鲁宾的立场上来想，西蒙的做法的确很难不被误解。但换个角度想想，西蒙也许是为了宽慰朋友，不让鲁宾有过多的压力，才说把钱送给他，否则这个世界上永远不会有送钱给一个普通朋友的事。

不过，如果西蒙能更加明智一些，结果是不是会更好？借钱给鲁宾时，他可以自己在心里想"鲁宾是我的朋友，即使他不还钱也没关系。如果他最后真的没有还，这笔钱就当作是礼物送给他好了"，有必要一定把内心的想法说出来给鲁宾听吗？听到鲁宾的请求，西蒙可以直接说"没问题，我可以借钱给你"，等日后鲁宾真的无法偿还这笔钱时再告诉他，"没关系，就当我送你了，不用还"，这样是不是会更好呢？这样做不仅可以避免鲁宾的胡乱猜测和误解，而且会让他更加感激。

在与他人间借钱、还钱的过程中，很多情感问题会发生，这也是财商教育的内容之一，等孩子长大成人，生活中诸如此类的事不知会遇到多少。实际上，生活中有很多人会抱怨道："借钱的人太多，巧妙地避开这种事也是一种学问。"

## 🔍 引爆想法的"打火石"提问

你是否有过借给别人钱后,内心暗想"可能他不会还给我了"?

**"打火石"教育** 欠债还钱是天经地义的事,这样才能稳固朋友间的关系。但现实情况的确和我们的想象不完全相同,所以才会有那句话——"借给朋友的钱就当作送给朋友的吧"。当然了,这种想法不适用于大额借款,在自己能承担的水平和范围内,借给朋友钱时应该有"也许收不回来"的思想准备。如果能这样想,朋友还钱时,你反而会觉得更开心呢。

如果是关系非常要好的朋友,你认为直接把钱送给朋友也没关系吗?

**"打火石"教育** 无论是关系多么要好的朋友,送钱给朋友都不合适,因为这很有可能会引起对方的误会。朋友也许会想,"他为什么要这样?我看起来已经穷到这个地步了吗",反而可能因为我们的做法而受伤。

## 作为富人生活的态度

**想要真正过上富人的生活**

我们给孩子做财商教育，目的并不是单纯想要把孩子培养成富人。即使孩子日后真的十分富有，也要清楚地了解"富人会遇到的问题"，才能成为真正的富人。如果欠缺这部分教育，孩子即使日后成为富豪，也会成为轻视穷人之人。

家长要让孩子明白，成为富人不是一劳永逸之事，此刻坐拥丰厚财产，不代表一辈子都不走下坡路。即使富人也随时可能遇到危机，想要让危机迎刃而解，就需要持之以恒地学习、探索和努力。一定要让孩子意识到，能成为富人的人，靠的绝不是运气，而是实力。

### 讲给孩子听的故事

从前，有一艘巨型豪华邮轮，上面的人都是"肉眼可见"的大富豪。华丽的服装，脖子上耀眼的项链，手上闪闪发光的戒指和名表，无处不在显示着众人的高贵身份。其中有一个看起来格格不入的年轻人，所有富人都斜眼看着他嘲笑道：

"那人到底是谁啊,一看就不是我们这个圈子的人。"

"是呀,他是谁啊。不过,他大概也知道自己是个穷光蛋,所以躲在角落里,还算识趣。"

冷嘲热讽过后,这群富人又开始攀比起来:

"我家有一只特别名贵的金蟾,能抵二十套大宅子。"

"我家有一个特别大的泳池,夏天都来我家玩。"

"泳池谁家没有?你家有几辆车呀?我家有三十几辆,我每天都换着开。"

就在富人们热火朝天地吹嘘着自己时,那个青年默然走进来,说道:

"其实我比各位更有钱,只不过现在无法给各位证明。"

富人们听到后嘲讽地笑了出来,没有理会他。就在这时,一大群海盗突然登船,瞬间抢走了富人们身上的所有金银财宝,五分钟前还在吹嘘自己的富人们瞬间沦为穷光蛋。

被洗劫一空的邮轮最后在一个陌生的城市靠岸,富人们饥寒交迫。但平时过惯了衣来伸手饭来张口的日子,他们哪会干活养活自己呢?最终,这群富人沦落为这个城市里最悲惨的乞丐。大家还记得船上那个年轻人吗?他凭借自己的学识和教养成功地在一所学校任教,每天勤恳努力地工作,过上了衣食无忧的生活。

有一天,他在路上看到一群衣衫褴褛的乞丐,正是当年在船上的那群富人。其中一个人对年轻人说道:

"我现在才明白,你当年为什么说自己才是真正的富人。要是当初我也像你一样好好学习,哪会变成现在这副样子……"

心胸宽广的年轻人不计前嫌,帮助了他们。

这个故事刻画了一群傲慢无礼的富人形象。现实生活中的确不乏这样的人，我们在新闻和影视作品中也经常能看到。要知道，无论多么富有，我们都没有轻视和侮辱他人的权利。不能因为我们自己没有身体上的缺陷，就去蔑视身体有障碍的人士。不能因为我们是某个领域的技术人员，就去看轻体力劳动者。每个人都是独立的个体，能通过诚实劳动获得经济上的自由就好。因为自己有钱就在贫穷的人面前展现自己的傲慢和尖酸刻薄，这是很糟糕的。所以，家长在做财商教育时，也要注意这一点，人性教育需要并行。

上面的故事给我们抛出一个问题——"究竟怎样才算是真正的富人？"只是眼下这段时间很富有就算是富人吗？当然不是。无论遇到怎样的困难都能够靠自己的努力去克服、用实力说话的人才是真正的富人。那个起初因为没有身穿华丽服装而被嘲笑的年轻人，最终靠自己的双手过上衣食无忧的富足生活，他才是真正的优秀青年。

定义富人的标准有很多。有的人认为，能够像故事中的年轻人一样，靠自己的努力不愁吃穿就是富人，有的人则认为，一定要腰缠万贯才能称得上是富人。父母可以和自己的孩子聊聊关于对富人的理解。虽然拥有"金山银山"在一定程度上的确符合富人的标准，但如果能做到靠自己的能力获得财富，在经济上不受限于任何人，过上自由自在的生活，其实就已足矣。

> ### 🔍 引爆想法的"打火石"提问
>
> 穿着昂贵的衣服,开着名贵的汽车,就是富人了吗?
> 穿衣打扮看起来有些朴素的人就一定是穷人吗?
>
> **"打火石"教育** 当一个人有足够的钱,当然会在车子和衣服上投资更多,但也不是所有富人都会这样做。有些富人反而会生活得十分低调,或是经常给慈善机构捐款。所以,我们不要通过外表简单判断一个人富有与否。
>
> ---
>
> 赚到一次大钱成为富人,就代表他会一辈子都是富人了吗?
>
> **"打火石"教育** 我们的生活充满了未知和意外,不知哪一天会突然赚到一大笔钱,也可能有一天会突然失去很多钱。有多少人过去曾无比风光,却因生意失利而一落千丈,从此一蹶不振。所以,能成为富人的最重要的品质便是在困难面前有克服一切的勇气和能力。哪有人会永远一帆风顺?摔倒后再站起来就好。不过,如果孩子现在还不具备这种能力,那么他即使从父母手中继承再多财产也无济于事。家长要提醒孩子,如果想要成为一个真正的富人,就要不断夯实应对危机的能力,这一点绝不能忘记。

### 拒绝特别福利的正直姿态

"正直"是一项十分重要的品德,特别是在经济活动中。不正当的经济行为可能会给他人带去损失,也会让自己陷入困境。暗箱交易、阴阳合同、"走后门"等都属于不正当的经济行为。犹太人在教育孩子认识钱的重要性时，格外强调正直的重要性。如果谁不小心被金钱的诱惑蒙蔽双眼，就很有可能会引火烧身。

有时候，人们会因为各种各样的原因，产生"收礼"和"送礼"的想法。产生这种想法的那一瞬间，如果不能以正直的姿态战胜它，则可能做出不当的经济行为，给社会风气带来不良影响。

## 讲给孩子听的故事

有一个犹太人，他的朋友因身患重病而身体状况日渐恶化，如果不能服用特效药，可能很快去世。不巧的是，这种特效药十分难找，患者的家人找到这个犹太人，想要请求他帮助。

"我们知道你认识很多名医和教授，求求你，能不能帮帮我们？"

看到此景，犹太人找到他的医生朋友说明情况。医生听后说道："如果我把药先给你，前面一直排队等这个药的人该怎么办呢？这个药也许救了你的朋友，但原本可以拿到这个药的患者会不会死掉？你想过这一点吗？"

犹太人冷静地思考起来：

"如果今天需要用药的人是我，我把药拿来先用，另一个排队的人会失去生命，或者我把药让给他，那我就会死，我究竟该怎么选择呢？为了挽救我自己的生命而置他人生命于不顾吗？我的生命难道比他人的生命更宝贵吗？"

最终，犹太人拒绝了朋友家人的请求，没有找医生拿特效药，他的朋友不久后因病离世。但他并不后悔，因为他知道，这个世界上有另一个生命成功活了下来。

故事中的极端情况关系到一个人的生命，在这种情况下，我们依旧能做到正直吗？我们能够坚守住自己的原则，不接受任何特别优待吗？最有道德性的回答应该是"即使我的朋友会死去，我也不能帮他拿回特效药"。虽然这样做一定会受到周围人的谴责和不理解，但确确实实是正直态度的体现。这种态度和原则在交易和生意场上也同样适用。

希伯来大学法学院院长亚伯拉罕·拉诺维奇教授曾总结出以下十大商业精神：

1. 重视真相
2. 遵守诚信，不签订双重合约
3. 不签无用的合同或承诺书
4. 劳动后的休息带来创造
5. 尊敬造物主，尊重长者
6. 尊重生命，关爱他人
7. 不做非法交易
8. 禁止偷盗
9. 禁止做伪证
10. 不惦记其他人的东西

上面的故事涉及十大精神中的七条，犹太人最终选择不抢占他人的特效药，就是第十点提到的内容。当然，人处在紧急状况下很难完全依照这些准则行事，但这不代表孩子们不需要了解和学习这些内容。"正直"是一个人最重要、最宝贵的品质，家长在教育孩子的过程中，应该重视这一点。否则，孩子长大成人后很可能犯下错误，也很难受到他人尊重。要教会孩子把目光放长远一些，有些事不是当下收益就好，眼前的一点好处很可能招致日后更大的损失。

## 🔍 引爆想法的"打火石"提问

如果是你遇到故事中的问题,你会怎么做?
会答应朋友家人的请求吗?

**"打火石"教育** 　关系亲近的人提出的请求确实很难拒绝。但如果答应朋友的请求会导致其他人受到伤害,我们也要学会说不。如果我们从一开始就能态度明确地拒绝所有不当请求,日后就不会有人来拜托我们了。

---

通过插队的方式将本属于别人的东西占为己有,这种行为就是享受"特别福利"。如果这种不良风气四处蔓延,社会会变成什么样?

**"打火石"教育** 　整个社会一定会变得无比混乱。所以我们一定要坚定地拒绝所有"特别福利",努力推动形成良好的社会风气。也许当下看来自己有些吃亏,但从长远角度来看,我们做的努力一定会为坚守优秀品质带来回报。

---

如果有人想要走后门,给你一些"特别福利",你会接受吗?
也不是你主动向他人索取东西,而是他人主动要给,这种情况下可以接受吗?

**"打火石"教育** 　我们要时刻谨记,收到的所有"好处"背后都隐藏着代价。如果我们通过非正当手段获得不属于自己的东西,终有一日,我们要为自己的行为付出代价。所以,我们要做到既不主动要"好处","好处"来时也应拒绝。

### 学会忍耐才能获得丰硕果实

在攒钱、投资、发展事业的过程中,"忍耐心"是非常重要的品质。无论赚钱能力有多强,如果忍耐心不足,就很可能会留不住钱,这对创业初期想要获得更大成功的人来说会是很大的阻碍。实际上,赚钱这件事本身就建立在"忍耐心"的基础上。孩子看到父母很容易就可以从钱包里掏出钱,但他们不知道父母为了得到这些钱,也是"一忍再忍"。为了能让孩子长大后以更加长远的眼光看待赚钱这件事,父母有必要在财商教育中培养孩子的"忍耐心"。

### 💬 讲给孩子听的故事

有一位老人在庭院里种树,一位路人问道:

"老人家,您觉得这棵树什么时候可以开花结果呀?"

老人回答:

"怎么也要再等 70 年吧。"

路人觉得老人有些可笑:

"您还能活那么久?"

"不,我活不到那个时候。不过在我小时候,这个院子里的树就结满了果实,那是早在我出生前,我爷爷就种下的果树。我现在只不过是在做爷爷曾经做过的事罢了。"

这个故事中,路人想的是当下,老人想的是更加长久的未来。对于同样一个行为,两个人的评判标准完全不同。前者只想着"做这件事对我在世时是否有帮助",后者想的则是"我出生时拥有了哪些东西"。老人明白,她的祖辈和父辈都为了让她过上幸福生活付出了许多,她今日拥有的一切都是靠前人的努力换来的，因而心存感激。所以这个故事也可以被解读为"老人为把自己拥有的一切传给后代而努力"。不过它主要想强调的还是"想要享受到福利（经济上的收获），需要耐心等待"。

父母每月得到的工资也不仅是"一个月来努力工作的成果"，而是12年的学习生活、多年来在一个领域里深耕钻研、各种社会经验等加在一起换来的。所有的时间和经历汇聚在一起，才换来"本月工资"这一果实。也就是说，眼前我们看到的工资，并不是仅凭借一个月的工作换来的，而是数十年如一日的努力和奋斗积累在一起后换来的。

如果孩子不能明白这一点，不清楚其中暗含的"忍耐心"，他就很可能理所当然地认为赚钱是一件容易的事。特别是在现如今的数字媒体时代，孩子们也会通过各种渠道和平台接触到各种博主和自媒体，很容易认为"在网上做个直播就能赚到钱"。直播并不是一件容易的事，也要积累许多经验、付出很多努力才能做好。所以，通过老人和路人的故事，应该教会孩子养成"忍耐心"，尊重"时间的厚度"。

### 引爆想法的"打火石"提问

你想过需要多少时间才能获得经济上的自由吗？

**"打火石"教育**　远比我们想象的时间还要长，而且在这个过程中，我们需要有"忍耐心"。不是说我们想要赚钱就可以轻松赚到。通常情况下，想要赚钱，需要在一个领域钻研很久，积累经验后才能实现。爸爸妈妈也是一样经历过学生时光，从校园步入社会，在公司继续学习和成长，这才换来每个月的工资。老人种下70年后才会开花结果的树，这个故事也是在告诉我们，只有耐心等待，才能换来丰盛的果实。

### 和钱建立"良好关系"

人和钱之间存在着特殊关系。如果二者关系太过紧密,人总是想把钱紧紧握在手中,就会变得过于"守财奴",甚至无视他人的痛苦,只专注于攒钱。相反,如果人过于沉溺在金钱带来的幸福中,就会变得只贪图享乐而花钱如流水。钱与"我"之间最理想的关系,应该是"我"为了自己和他人的幸福而适度花钱,不过度消费,也能为将来储蓄一些存款。即使拥有同样的钱,不同的人有着不同的想法和态度,与钱之间的关系也会截然不同。

## 💬 讲给孩子听的故事

平静的大海上,一艘船正在向前航行,突然间,一阵暴风雨袭来,这艘船被迫偏离了航线。第二天早上,海面终于平静下来,船只又走了一会儿,眼前出现一座美丽的小岛。船长决定抛锚,去岸上休息一会儿。岛上开满了五颜六色的美丽花朵,树上结满了诱人的果实。树荫下,鸟儿在欢快地唱着歌。乘客们从船上走了下来,自动分成五个小组。

第一组乘客因为担心在岛上这段时间再碰上暴风雨,怕船又不知道漂到哪里去,于是待了没多久就匆匆返回到船上。

第二组乘客在岛上转了一圈,吃了好吃的水果,闻到了迷人的花香,让自己的身心都充好电后返回到船上。

第三组乘客则是由于在岛上逗留的时间太长,为躲避正巧刮来的一阵大风,险些没能成功登船。虽然最后有惊无险地成功返回,但很多个人物品被大风卷走,好的座位也已经被其他人抢走。

第四组乘客则更是不急。眼看船员已经开始收锚,但见到帆还没有扬起,于是心想"船长总不会把我们抛下吧,一定还来得及",于是又在岛上待了一阵子。直到再回过头看船时,发现船已经要驶离港口,这才手忙脚乱地往回跑。

最后的第五组乘客,他们看到这么多好吃的水果和美丽的风景,从上岛开始就走进很深的树林里,将返程上船的事全部抛在脑后,以至于完全没听到船只出港的鸣笛声。最终,他们不是被岛上的野兽吃掉,就是因为吃了毒水果而中毒身亡。

金钱的力量不可小觑,孩子如果对人和钱之间的关系没有清晰的概念,很有可能日后在面对钱时会不加分辨地照单全收。孩子当然应该知道钱的作用以及它能给人带来怎样的快乐,但与此同时也应该清楚,如果过度贪恋钱财,会招致怎样的祸患。故事中的五组人实际上代表了面对金钱时的五种不同态度。最理想的状态应该是第二组——既能享受金钱带来的快乐,同时也懂得节制。

而其他组的人呢?根据他们享乐的程度不同,有些人在船上的"好位置"被抢走,有些人可能要很辛苦才能重新回到生活的正轨,有些人甚至会付出生命。如果沉迷于金钱带来的快乐,就会变得自满和傲慢,甚至可能失去朋友、背弃家人。

孩子对钱的态度是从小和父母学习得来的。父母平时对待金钱的态度会原封不动地留在孩子的潜意识中,等到他们长大成人后显现出来。当然,如果孩子与父母的想法不同,他们最终也会过上不同的生活。但即便是这样,父母在孩子小时候做出的行为也会在孩子脑海中留下烙印,很难完全消失。

在这件事上,重要的标准在于"合理性"。省钱要有省钱的合理性,享受快乐时也要讲究变通。

> ### 🔍 引爆想法的"打火石"提问
>
> 你知道什么时候该花钱,什么时候不该花钱吗?
> 如果你现在不饿,但面前又有好吃的食物,你还想花钱买下来吗?
> 你已经有两双新鞋,如果又看到一双漂亮的鞋子,还会想买吗?
>
> **"打火石"教育** 金钱能给我们带来很多乐趣。但是如果对钱过度喜爱,甚至产生执念,就会给我们带来痛苦。如果太吝啬,周围人会一个个离开,我们也不会受到别人的尊重。相反,如果总是大手大脚花钱,可能会有人想利用我们。犹太俗语中有这样一句话,"香甜的水果虫子多,有钱人烦心事也多"。也就是说,曾经让我们感到幸福的金钱,也可能不知何时会带来令人担心的烦恼。虽然钱对我们的帮助很大,但是一定要记住,我们如何花钱、如何对待金钱,结果会完全不同。

### 因祸得福,魔术般的人生

大人们在生活中经历过许多,所以充分理解"塞翁失马"这句话的含义——坏事有可能变为好事,反之,好事也可能会变成坏事。但是对于经验不足的孩子们来说,他们并不熟悉这种思想上的转换,很可能因为自己面临的困难而退缩、感到失望,或者因为发生了点好事就沾沾自喜。为了扩大孩子的逻辑范围,家长应该给孩子讲一讲何为"观点的转换"。特别是在以后孩子进行经济活动时,更需要他在不同情况下及时转变思想,遇到问题要有战胜困难的意志,即使看到了希望,也要保持不停努力的姿态。

## 讲给孩子听的故事

> 有一位名叫阿奇巴的拉比，带着一头驴、一条狗和一盏灯去旅行。不知不觉间，太阳下山，天色也暗了下来，阿奇巴发现了一间草棚，决定在那里落脚。但是距离睡觉的时间还早，于是他点燃灯准备读会儿书。突然间刮起一阵大风，灯被吹灭，他只好决定睡觉。
>
> 但就在夜里，趁着阿奇巴熟睡的时候，一头狼走过来咬死了他的狗，后来又出现一头狮子咬死了他的驴子。
>
> 第二天早上，阿奇巴孤零零的一人继续赶路，不久后走到一个村子，他却发现怎么也找不到人。过了好一会儿，他才知道是昨天夜里盗贼闯进村子，把人全部杀了。
>
> 他这才反应过来，如果前一天晚上的灯没有被风吹灭，他也有可能被盗贼发现而丧命。如果狗和驴还活着，犬吠声和驴的吵闹声也会让他被盗贼发现。
>
> 但是幸好他失去了一切，才没有被盗贼发现，得以保住性命。阿奇巴说："人类在最坏的情况下也不能失去希望，坏事可能成为转机，可能会有好事发生。"

在知道盗贼们杀死整个村子的人之前，阿奇巴因生活不如意而陷入绝望，因失去所有的东西而感到迷茫，得知真相后，他才领悟到自己多么幸运，之前的不如意反而是件好事。

世界上的很多成功都是在失落感、孤独感和困难中萌芽的，人类的强大意志能够战胜自己面对的困难。每个人都会遇到各种难关，虽然父母的心愿是孩子可以顺顺利利度过一生，但为人父母，大家都清楚世界上并不是每条路都会那么坦荡。

如果孩子面对自己所处的状况，知道凡事都有两面性，就会明白自己的处境随时都会发生变化，眼前的痛苦并不是全部，也许转机就在不远处。

> **引爆想法的"打火石"提问**
>
> 如果你是失去狗和驴的拉比，你的心情会怎样？
> 这件事只会是一件坏事吗？
>
> **"打火石"教育**　我们在生活中会遇到好事，也会遇到坏事，这好似一个恒定法则。重要的是面对困难时如何想出正确的解决方法。即便想做的事情并不顺利，但如果我们能够不断努力，总有一天会渡过难关，赢得更大的收获。同理，当下看起来十分顺利的事，也可能因为我们的懒惰而产生不同的结果。当然，这个故事中的拉比不是因为自己努力才避开杀身大祸，也许是因为他运气好才保住了性命。不过，夸张点说，他这么好的运气如果能再加上点努力，也许他就会天下无敌了吧？

堂堂正正地拥有

如果所有人都能做到以合理的理由去拥有事物，这个世界上的犯罪也许会减少一半吧？谎言会消失，偷盗和诈骗也会不复存在。我们要坚定"堂堂正正拥有"的概念。不是自己的东西一定要还回去，即使心有贪念或真心渴望一样东西，我们也要实事求是地承认"那并不属于我"。

## 讲给孩子听的故事

从前,有位拉比当樵夫维持生计。他每天都要从山里往村子运树干,为了能缩短往返时间,以便腾出时间更加努力地学习《塔木德》,他决定买一头驴。

他从城里的阿拉伯商人那里买到了一头驴。弟子们都替他感到高兴,把驴拉到小溪边帮它洗澡。就在这时,从驴脖子上掉下一颗钻石。大家高兴地说:"有了钻石,拉比可以摆脱樵夫的生活,专心学习,还可以有更多时间教我们了。"

没想到,拉比得知此事后却命令弟子们回到城里把钻石还给阿拉伯商人。有一个弟子问道:

"这是老师您买来的驴,为什么要还那颗钻石?"

拉比平静地回答:

"我只买了一头驴,没买过钻石。难道我不应该只拥有属于我自己的东西吗?"

最终,这颗钻石还是被还给了阿拉伯商人。

收到钻石的阿拉伯商人问道:

"你买了驴,钻石在驴上,为什么要把钻石还给我呢?"

拉比微笑着回答:

"按照犹太传统,我们只拿自己买的东西,所以把这个还给你。"

对某些人来说,拉比可能显得太过天真,甚至卖驴的阿拉伯商人也表示不解,为什么非要还回钻石呢?但是对于拉比来说,如果不是"当初我花钱买的东西",它就不属于自己。也就是说,他对"拥有"有着明确的定义。

如果孩子从一开始就对"拥有"的概念不坚定，步入社会后随着时间慢慢推移，其概念就会越来越模糊。直到有一天，他的心里突然响起一个声音——"要不然……"。从那一刻起，他的内心就开始被无穷的欲望所蒙蔽。一个人只有从一开始就明确地理解"拥有"的概念，才能做到无论发生什么事情，心中的信念都不会崩塌。

### 引爆想法的"打火石"提问

如果你在路边捡到钱，周围又没有其他人看到，你会怎么做？
没人看到就可以拿走吗？
假设你之前借给朋友 500 元，但朋友记错了金额，还钱时还给你 700 元，多出来的 200 元你就这样拿走吗？

**"打火石"教育** 　不管别人看没看到我们捡到钱，无论朋友知不知道钱数不对，真正重要的是，是否能堂堂正正、光明磊落地面对自己。其他人可能不清楚，但我知道自己做了什么。所以，不是自己的东西最好不要碰，否则其他人有可能遭受损失，尽管那并不是我们的本意。

# 妈妈金今善和女儿刘妮思的富人小课堂

## ⋯ 财商教育是对未来资产的投资 ⋯

提到小时候的父母，我首先想到的是妈妈读书和爸爸读报纸的样子。因为父母都爱阅读，所以我们家总是有很多读物。不仅是我，就连弟弟们上学回来后，也习惯拿起桌上的书和报纸阅读，这些对我们来说是非常自然的日常生活。我们三兄妹就这样通过书籍和报纸自然而然地接触到经济的发展趋势。每天早上全家人一起吃饭时，我们也会就经济方面的新闻报道展开热烈的讨论。"银行的作用是什么呢？""什么是最低工资，最低工资上调会对社会产生怎样的影响？""如果经济不景气，政府会采取什么样的政策呢？""什么是利息？利息的上调和下调会对经济产生什么影响？"

读高中时，为了能更加集中地学习经济原理，我特意选听了宏观经济学和微观经济学课程。在对一个个经济概念和用语深入了解后，我很激动，感觉浑身的血液仿佛沸腾了起来。上大学后，为了重点学习金融知识，我毫不犹豫地选择了经济学专业。

经济学是一门非常有用的学问，学过一次便能终身受益。它帮助我了解国家正处于经济周期的哪个区间，预想政府在这个区间内会采取怎样的政策，再根据这个政策判断我的资产应该如何运转。在学习经济的过程中，我明白了世界上存在很多机会，为了抓住这些机会，我应该做什么。我还知道了此时此刻投资者正在纷纷涌入哪个地区，哪个产业正在崛起，哪个公司正在带动该产业。

习惯每天早上读经济新闻的我还有一个好习惯，那就是定期盘点我的资产。你计算过未来 30 年内自己能积攒下多少资产吗？如果你是一个平时也有理财投资的上班族，光是计算年薪、年薪上调率、投资金、投资预期利润率等，就能大致算出在未来 5 年、10 年、20 年内的个人资产大约能达到什么水平。这样一来，我们就能更好地筹划买房、结婚、购车等大额支出。就像我们每年制订新年计划一样，我们的资产计划也要定时检查和更新。不仅如此，除了工作带给我固定收入外，我从很久以前就开始拥有股票和 ETF 等投资收益。只要关注经济，就能了解这个世界上的资金流向何方，哪个产业、哪家公司正在引领世界也会一目了然。

我今天之所以能成为一个"经济小灵通"，小时候接受的经济教育起到了很大作用。所以，孩子们的财商教育越早开始越好。越早开始，孩子们的投资收益就能像滚雪球一样越变越大。已经拥有劳动收入和投资收入的我，现在正准备拥有第三项收入——让我在睡觉的时候也能赚钱的"内容收入"。我以自己的职场生活和兴趣生活为基础，在社交媒体上分享文章，在短视频平台拍摄视频，制作属于自己的内容。这些内容在宣传我个人的同时，也让我通过视频课程、广告等内容创造了附加收入。

学习经济不仅能了解现金流，还能拓宽看待世界的视野——看待一个地区的视野、看待一项产业的视野、看待一个公司的视野。这些广阔的视野对孩子选择工作、做投资理财、筹备结婚资金、找工作、准备养老等方面都有帮助。

各位家长，从今天开始读这本书，和孩子一起学习经济吧。用不了几年，孩子就将成长为分析国内乃至世界经济趋势、具有广阔视野的人，成为一个能够主动寻找机会并抓住机会的人。

# 尾声

## 向这个瞬息万变的世界推荐"海沃塔"

十到十五年后,孩子们将会成为这个社会的主人公,那个时候,世界会变成怎样呢?大概会成为一个"没有正确答案的世界"吧。我们这代人生活的时代处处都有正确答案——只要按照老师和父母的话去生活就不会有什么大问题,每个年龄层和社会地位的人都有遵照的行动模板和流程,只要明天也按部就班地像今天这样过,就不会出什么差错。

但从今往后的世界将发生翻天覆地的变化。第四次产业革命正在如火如荼地进行,全世界都通过SNS连接在一起。世界变化得太快,我们生活的环境也随之快速变化。在这样的世界里,再不会有"正确答案",我们今天认为是正确的答案,明天就可能变为错误答案。我们现在生活的世界是如此,未来孩子们生活的世界将更是如此。

在发展如此迅猛甚至有些混乱的世界里,孩子们要想坚定、自信地生活下去,究竟需要什么样的能力呢?那便是"不断寻找答案的能力",能培养这种能力的方法正是海沃塔教育法,其核心是"提问和讨论"。正确答案不是靠死记硬背得到的,而是通过提问和讨论的过程慢慢找寻到的。只会背诵正确答案的孩子在没有正确答案的世界里只会感到混乱,但熟悉海沃塔教育法的孩子们则可以通过提问和讨论,一步一步地寻找自己的正确答案。

未来孩子们的赚钱方式也会和现在大不相同。之前，我们如果能去一个"好的工作单位"或是从事"专业领域工作"，就能赚到很多钱。但是现在这个社会不再如此——通过做自己喜欢的事赚大钱的人比比皆是。对于我们这代人来说，干农活简直是一件不能再苦的事，看到年轻人干农活，大家总是习惯有些瞧不起人地想道："为什么年轻人不选择在城市工作，非要干农活呢？"但要知道，在今天的农村，年轻人正在用以前想都不敢想的方法来种地。越来越多的人利用智能农场（smart farm）饲养农作物，在烈日下流汗耕作的场景正在逐步退出历史舞台，现在甚至出现了一个月就能赚数千万韩元的二三十岁青年农民，而他们赚钱的工具正是我们熟知的农作物。当下，短视频达人、职业电竞玩家等过去未曾有过的新兴职业备受孩子们的瞩目。用众多创意和道具武装起来的年轻人正在用专属于自己的方式快乐地赚着钱。今后，人们的赚钱方式也会变得更加多样，更加丰富多彩。因此，思考方式灵活、富有创意的人今后会更加受到关注。

海沃塔教育最合适培养这种未来型人才，孩子们将通过海沃塔教育探索和观察当今这个正在发生变化的时代，通过向自己提问、与其他人进行讨论，来探寻新的赚钱方法。

经济活动也是一种习惯，因为小时候学习到的关于钱的概念将支配我们一生，决定我们的消费模式。如果想正确看待"钱"，把孩子培养为能让钱发挥价值的富人，各位家长从现在起就需要持续关注犹太人的海沃塔经济教育。如果孩子能从小就和父母一起养成健康的经济观念和消费习惯，他们一辈子都会是真正的富人。

当然，这本书并没有涵盖海沃塔经济教育的所有内容，只希望这本书能为那些不知该如何转变经济观念、如何让孩子接受财商教育而手足无措的父母们，多介绍一些海沃塔教育的价值。在日常生活中，家长应经常和孩子就经济问题展开对话和讨论，让孩子看到健康的消费习惯，让孩子亲身体验金钱的价值，这是财商教育的第一步。希望这本书能对各位迈出第一步有所帮助。

# 附录

## 想让孩子成为富人，父母首先要具备富人思维

俗话说，"父母是孩子的镜子""父母是孩子的第一任老师"，相信全天下没有一个父母不知道这些话的含义，这也是本书中多次强调的内容。不过，最大问题是有可能连父母都没有接受过正确的财商教育，即使自己想改变，也找不到契机，或是不知该从哪里开始，究竟该做些什么。

我在运营"海沃塔父母教育研究所"的同时，为了先让父母养成富人思想，还开设了富人读书法——"海沃塔百万富翁"课程——结果许多父母都发生了惊人的变化。如果各位家长也感到困惑，不清楚对于孩子的财商教育应该先做什么，可以阅读以下父母的手记。

## 积极的力量引领人生

赵恩英

今年是我结婚的第 15 个年头。我的生活一直都不是特别奢侈，但钱却如同流水一般总是不够花，这么多年过去，我甚至一次钱都没存过。我的丈夫每个月都会按时把工资交给我，我想买什么东西的时候，他也会毫不吝啬地让我买。那时的我丝毫不知道丈夫的辛苦，活得像是个不谙世事的孩子。直到有一天，我从丈夫口中听到他说"唉，我实在是太累了"，这才知道丈夫的信用卡竟然有那么多欠款。看到丈夫无精打采的身影，我才突然理解了丈夫一直以来的辛苦，我觉得自己实在太没用了。我为什么这么没钱呢？看到朋友们好像都生活得很安稳，我顿时觉得自己好像更落魄了，感觉自己好像没活明白，自责感阵阵袭来。到底是从哪里开始出错的呢？我究竟要这么郁闷地活到什么时候呢？到底怎样才能赚钱？每当这种想法充斥在脑海中，我都好像要患上抑郁症。我觉得自己的生活过得实在太不像话，开始否定自己，甚至开始反问自己，是否值得过这种毫无意义的生活。

后来，我找到一位平时对消费颇有研究的朋友，问他想攒钱应该怎么做。他看到我的信用卡明细后，指出了我的消费模式有问题。简而言之，我的很多支出都是不必要或重复消费——明明在一家超市就能买到的东西,非要跑好几家市场分着买;家里一共四口人,食材永远会买多。即便如此,我们家还会经常去寺庙里布施和捐款。

在这种状况下,为了摆脱金钱带给我的痛苦,我需要做出改变。2019年3月18日,我带着紧张激动的心情,开始了第一堂"海沃塔百万富翁"课程的学习,强烈的挑战意识蠢蠢欲动。能够成为课程的一员,已经让我安心不少,总觉得这可能会成为我人生的转折点。

在选定课程里的昵称时,我决定用"女版金胜浩"这个名字。我之前读过金胜浩老师的《卖紫菜包饭的CEO》和《想法的秘密》,在YouTube上也看过不少他的视频,我觉得他对钱的想法和哲学理念非常帅气和令人尊敬,抱着有朝一日能像他一样会赚钱的美好愿望,我决定用这个昵称。现在再回想起来,我还是觉得很满意。我一有空就会看金胜浩的YouTube,稳定自己的心态,培养看待金钱的想法和思路。在学习"海沃塔百万富翁"课程后,我发生了几点变化。

第一,我成功实践了"百天百遍"。我在第一个100天里每天会写100遍"从生活费里存100万韩元"。我一边嘴里念着,一边用笔写着,一边用眼睛看着这个内容。这样写了100天后,我找到了储蓄100万韩元的方法——书写100遍的力量要远超我们的想象,因为在一遍又一遍的书写过程中,我会不断重新梳理逻辑。这种力量慢慢渗透到我的日常生活中,连我的生活习惯也在悄然改变。有一天,我正在读金胜浩的《想法的秘密》第120页,在大约30秒的思考后,我经历了"重生"般的历史性瞬间——我突然找来一把剪刀,把自己的信用卡剪断了。因为我看书中的内容如此写道:"信用卡是要我们以未来的收入为担保换取当下的借款。未来无法保证现在,现在却可以保证未来。很多人会想,'我现在实在没有其他办法,不管了,先用信用卡的钱解决当下的问题好了,以后再做打算',但事实是,即使到了以后,我们也想不出其他方法,因为问题所在根本就不在于钱。所以大家快剪掉信用卡,用回储蓄卡吧。"

金胜浩告诉大家"坚持百天,每天百遍,会越发看清我们的样子,会帮你想清楚怎样才能实现目标"。他的话的确没错。我在实践的过程中逐渐找到自己的行动方针,越来越相信自己的目标可以实现。我一边写,一边改变自己的消费习惯。最终,我成功做到让银行账户变负为盈,在第 123 天实现账户存款 100 万韩元,第 245 天存款 150 万韩元。一年后,我的存款已经达到 1 200 万韩元。手握这些存款的我,终于实现了身心的自由。

第二,我就业了。[①] 在开始"百天百遍"后,我发现赚钱和存钱同样重要,于是萌生了外出工作赚钱的想法。正巧我碰到一个能够按周发薪水的兼职,对我来说再合适不过。现在的我,每周工作四天,薪水已经拿到刚开始的两倍了。如果我当初没有学习"海沃塔百万富翁"课程,我永远只会是一个喜欢抱怨和虚度时光的人,这些好机会都不会找上我。所以我想告诉大家,因为我相信自己,因为我一遍遍写下自己想做的事,不断思考和努力,最终我将希望变为了现实。

第三,思想意识发生变化。在学习"海沃塔百万富翁"课程前,我完全没有对于经济生活的规划。不知该如何省钱,缺乏积极的心态,也从没有为抓住一个机会而做出努力,只会整日说"我也想做点什么",但却毫无想法,一味地埋怨别人。但随着课程不断推进,我的思想意识也发生了巨大变化。我变得更加坚定,坚信自己一定能够实现目标,这种信念改变了我的行动,当然也改变了结果。我不再按照"准备—瞄准—发射"的一般方式去做事,而是养成了"准备—发射"之后再瞄准的习惯。即使遇到困难,我也会告诉自己,"既然是我想做的事,那就高高兴兴地做好",我不再是那个被负面情绪充斥的人,我变得更会用肯定的语

---

① 译者注:韩国部分女性婚后为全职太太。

言来说话。这段时间以来，金今善所长展现的积极力量给我带来很大帮助，我也在向她学习，坚定地朝着自己的生活目标迈进。"海沃塔百万富翁"这门课的内容并不局限于金钱，而是教我们如何通过思想意识的改变，从金钱中解放自我，感受到真正的快乐和幸福。

第四，我在向"五年攒下一亿韩元"的目标慢慢靠近。十年后，我的孩子就二十岁了，为了让孩子能得到更好的教育，我打算到时候把她送去美国读一年书，所以我现在每天都在学英语，同时也在攒留学基金。在上这门课之前，我都是空口说"我要攒钱"，但毫无实际行动，现在我终于能朝着明确的目标一点点努力，不断成长。

回顾过去一年"海沃塔百万富翁"课程的学习，如果不是金今善所长和老师们的指点，就不会有今日的我。曾经做什么事都三分钟热度的我能有今天，都要感谢我"百天百遍"的努力，感谢其他学员与我的交流和沟通，如果不是因为各位的帮助，也许我早已放弃。感谢大家，能让我每天都有新成长，帮助我找到努力的方向和方法，让我无论是在未来还是现在，都能过上真正幸福快乐的生活。

## 如何摆脱消极看待金钱的想法

全美玲

◆

我总是缺钱，从小到大因为钱没少吃苦，所以总是对钱带有消极的感情色彩。小时候因为家里困难，我总能听到妈妈说："你看我长得像钱吗？""你把妈妈卖了换钱吧。"而且她说这些话时总会骂骂咧咧地掺杂着难听的话，所以每当我想到钱时，心里就会很不舒服。

我对钱的"坏印象"不止于此。"钱买不到幸福""健康比金钱更重要""富人只追求自己的利益""富人死后想要上天堂比骆驼钻进针眼还难"等，大家常说的话让我更加坚定了对钱的不良印象，以至于总是不自觉安慰没什么钱的自己："没错，这样生活才是正确的。"

直到我开始学习"富人读书法"，我才对金钱有所改观。钱作为生活必需品，我也开始正确看待它，同时也开始接受富人们的想法和逻辑。

我还在学习的初级阶段，首先是每天写下自己想做的事，然后带着积极正面的心态去开始实践。比如我的钱包，我是一个喜欢名牌钱包的人，但我经常不整理钱包，导致里面的卡、纸币和收银小票总是杂乱无章。从外表来看这是一个名牌钱包，但从内容来看，它实质上和"垃圾包"没太大区别。所以，我开始学会让自己的钱包由内而外变成名牌。

从前的我都是赚多少花多少，但在学习"富人读书法"以后，每当赚到钱，我总会想着投入股票中。虽然现在积攒下来的钱并不太多，但我也乐在其中，总有一天它会成为我的种子基金。

我感受到了发生在自己身上的积极变化，想要把这种变化也带给我的孩子们。最近我也在给孩子们做经济教育：一家人旅行时，我会把钱分给孩子，鼓励他们按需消费；我会告诉孩子，如果有想买的东西，需要自己攒钱购买；我会时不时和孩子讨论如何攒钱、如何赚钱、世界上的钱是怎样流通的；关于金钱，我不再给孩子们传递消极情绪，而是让他们学会认识"钱可以给人带来幸福"。

看到我做出的努力能让全家人都幸福，我也终于露出满意的微笑。

## 让我认识到"我是谁?"的瞬间

李英仁

"我是谁?"

"我想要怎样生活?"

"我喜欢什么?"

"我擅长做什么?"

"我究竟是什么模样?我追求的价值观是什么?"

这些在青春期都未曾思考过的问题,没想到我在年近40岁时,会一遍又一遍地问自己,直到我偶然认识了海沃塔父母教育研究所的金今善所长。

金所长无论面对什么问题都会积极应对,用智慧的方法解决所有问题,这与我的风格完全不同。她是那种一旦有了好的想法就会立刻实践的行动派,这对我来说也很新鲜。我和她每周一起学习,讨论"富人读书法",还将书中学到的知识用海沃塔的形式交换彼此的见解,我坚信我会有很大的变化。

金所长告诉我:"努力去做我想做的事,不就会有变化吗?""我们为何不更加积极肯定地去生活,做出更加明智的选择呢?"听到她的话,我感受到久违的激动。

在课堂上，我们没有从赚钱的理财产品学起，而是首先学习"对钱的恳切感"，只有这样才能真正享受经济自由。在此之前，我虽称不上是无欲无求，但对于我现在拥有的，我都感到无比感激和满足。我始终认为人生在世不能太过计较钱财。不知是不是遗传了我父亲那种爱给予、爱分享的基因，我也总是在和别人分享时感到莫大的幸福。但随着我的孩子渐渐长大，生活上需要的费用也逐渐增多，我无法再像过去那般给予他人，否则会给我的养老带来过重的负担。

实际上，都是因为我的父母在背后支持着我，我才能无忧无虑地成长到今天，也不用担心自己的养老。虽然从表面上来看，我好像没有过多依靠父母，但学习过"富人读书法"后我才感悟到，我之所以可以想做的事随便做、想花的钱尽情花，都是因为我父母在身后帮助着我。

直到看到弟弟的彷徨，我才意识到自己应该为今后做打算。我这才醒悟到，原来我无法完全养活自己，做到经济独立。一想到这里，我突然觉得有些心慌。

我现在虽然还不是富人，但我的想法已经发生改变。"掉钱眼儿里"实际上并不是一件丢人的事，虽然财富不是幸福的全部，但没钱的确会让人不幸。我认识到，要想继续过爱分享的生活，要想安享晚年，就需要现在赚钱，瞄准自己擅长和喜欢的方向不断努力。为此，我十分感谢金所长的"富人读书法"课堂，让我明确了人生方向。过去的我光是找准目标就要花上好久，然后还要瞄准、瞄准、再瞄准，甚至很多时候只停留在想法阶段，并不确信自己要做的事是否正确。但现在的我不一样了，我会先射出手中的箭，然后再去找能命中靶心的路线。我深知，只有想法却不行动，事情只会越来越难办，于是我变得更加积极，主动出击。我在课堂上读过的书中有这样一句话：

"财富有三要素，简称3F，即家庭（Family）、身体（Fitness）和自由（Freedom）"。

不是有钱就代表着是富人，而是要有一起分享喜怒哀乐的"家人"、健康的"身体"和能够随心而行的"自由"，这才是真正的富人。为了能够成为三要素都具备的真正的富人，我正在坚定不移地努力着，相信明天也会。

## 经济自由，我也可以享受！

郑允善

◆

起初听到"海沃塔百万富翁"课程时，我的心里有着很大的疑问："这究竟能给人带来怎样的财富？"我很好奇，一年的时间能给我带来什么，能让我有怎样的改变。在这之前，我总觉得经济书籍距离我很遥远。包括在过去一年的课程学习过程中，我也学习到很多和之前想法相悖的东西。通过这个过程，我不断提升自己的理解能力，拓宽思路。现在拿来一本经济类书籍让我读，我也不会觉得是一件多难的事了。

还记得在第一节课上，老师让我们分析自己的经济状况，分享自己的人生目标。那次新体验成了我反省自我的契机：

"我还真的是把老年生活想得太过安逸了呢。"

究竟该如何转变思想？我们在课堂上努力寻找着答案。在那节课上，我们每个人都回顾自己的过去，互相分享人生目标，以及打算如何实现目标。这种和他人分享自我内心想法的体验虽然很陌生，但却十分宝贵。说实在的，我在设定好目标后都没有勇气喊出"我一定能实现！"这句话。在看到其他学员通过"百日百遍"来挑战目标的样子后，我才发现自己的信念有多不坚定。但通过一年的学习，今天我已经把目标深深印刻在脑海中，并且有一定可以实现的勇气。

经济自由！这是我参加课程后给自己设定的目标。对于大多数养育孩子的家长来说，他们很难实现经济自由，我也是这支队伍中的一个。我也曾因为不能随心所欲地旅行、不能享受自己的生活而感到愤怒，这都是因为经济条件还不够富足导致的。有时看看自己的消费状况，我真的会觉得伤心，因为需要消费的地方实在太多了。尤其是信用卡，信用卡也是导致经济状况恶化的原因之一。为了实现经济自由的目标，最首先要做的就是减少信用卡的支出。现在，我对储蓄卡的使用率已经明显高于信用卡。

我现在已经不会再说"××比钱更重要"的话了。在生活中，一定会有这样那样的人和事比钱更重要，所以我们经常会无视钱的重要性。不过，为了坚定我自己的经济目标，我也不会再说这样的话。

诸如此类的变化给了我莫大勇气。过去的我是一个十分害怕失败、不敢承担风险的人。虽然嘴上说着积极向上的话，但内心的想法却并不乐观。这种习惯制约了我的行动力，使我总是想得到却做不到。但我现在已经完全改变，我会告诉自己"试试看呗，做不好还做不坏吗，失败了就再来嘛"，这种思想上的转变对我来说最为重要。

另外，我还明白了一件事——共情能带来成功。对于共情能力比较差的我来说，这是一生的课题。我会认真思考："我是不是缺乏共情力？我是不是太缺乏共情的表现？"大家都知道，富人有个共同点，那就是善于捐赠和给予。我为什么会突然提到捐赠呢？因为它与共情力息息相关。过去，每次提到慈善机构，我脑子里的第一想法都是"确实有这么个地方吗？不是骗人的吧"。但我现在发生了很大变化，我会认为"无论怎样都会有人被帮助到"。所以我才明白，缺乏共情表现不代表就是没有共情力。

大大方方表现共情力,朝着目标奋力前进,不再等待而是主动出击,这些都是勇敢的表现,也是走向经济自由的第一步。而这些,都是金所长的课堂带给我的。

现在,我已经抛去陈旧的思想观念,丢掉消极的经济观念,勇敢地迈出了第二步。我现在是不是也有资格享受经济自由了呢?

## 参考文献及报道

- 李硕丰,"失败是新的经验,失败是创业的基石",*HelloDD*,2013年2月5日。

- 柯友辉,"犹太人的钱,犹太人的经济能力",*Allthatbooks*,2019年11月。

- 申相木,"在学校学不到的世界史:日本,遇见欧洲",*Puriwaipari*,2019年4月。

- 洪益熙,【特别稿件】"掌控世界的犹太人之企业家精神的秘密",*Tycoonpost*,2015年12月9日。